输变电工程初步设计典型案例分析

国网黑龙江省电力有限公司经济技术研究院　编著

哈尔滨工业大学出版社

内 容 简 介

为进一步加强设计管理，提高工程设计质量，本书结合电网技术发展和设计管理新要求对输变电工程初步设计评审中发现的设计质量问题，按照不同专业进行了梳理、归纳，剖析问题隐患，对设计常见问题提出针对性防治措施，可用于指导工程设计和设计评审。

本书可供从事交流输变电工程相关工作的技术及管理人员学习使用。

图书在版编目(CIP)数据

输变电工程初步设计典型案例分析/国网黑龙江省电力有限公司经济技术研究院编著. —哈尔滨：哈尔滨工业大学出版社,2024.12.—ISBN 978-7-5767-1730-3

Ⅰ.TM7;TM63

中国国家版本馆 CIP 数据核字第 20240354RY 号

策划编辑　王桂芝
责任编辑　王会丽
出版发行　哈尔滨工业大学出版社
社　　址　哈尔滨市南岗区复华四道街10号　邮编150006
传　　真　0451-86414749
网　　址　http://hitpress.hit.edu.cn
印　　刷　哈尔滨起源印务有限公司
开　　本　787 mm×1 092 mm　1/16　印张7　字数144千字
版　　次　2024年12月第1版　2024年12月第1次印刷
书　　号　ISBN 978-7-5767-1730-3
定　　价　59.00元

(如因印装质量问题影响阅读,我社负责调换)

编 委 会

主　任　汪卫东

副主任　王华锋　高秀云

委　员　李　彧　岳士博　肖　尧

主　编　张令权　张馨月

副主编　赵雨堃　姜　潇

参　编　赵　雷　王树岐　宁　鹏　罗佳钰
　　　　　马鸣阳　杨　红　孙　源　赵　可
　　　　　孙　东　刘士林　齐宏宇　高　峰
　　　　　张兆军　薛　鹏　陈文慧

前　言

为响应国家电网有限公司设计、评审精益化号召,推进电网高质量建设。近年来,国网黑龙江省电力有限公司经济技术研究院在进行初步设计评审的同时,积累了大量案例,并结合电网技术发展和设计管理新要求对输变电工程初步设计评审中发现的设计质量问题,按照不同专业进行了梳理、归纳,剖析问题隐患,提出针对性防治措施,并编制了《输变电工程初步设计典型案例分析》。本书以标准为依据,以安全稳定为目标,横向深化各专业、多阶段协同联动,构建以独立性、客观性、权威性为特点的设计质量优化体系,对设计常见问题进行重点防治,指导、规范工程设计、设计评审,为电网安全稳定运行保驾护航。

本书共4章,包括各专业累计案例61个。第1章输变电工程初步设计常见问题汇总,提炼各专业设计常见问题并进行简要描述,便于读者快速掌握工程信息及问题解决方案;第2章变电专业典型案例分析,包含电气一次专业,电气二次专业,土建、水工及消防专业,通信专业典型案例内容;第3章线路专业典型案例分析,包含线路电气专业与线路结构专业典型案例内容;第4章环水保专业典型案例分析,包含环境保护部分与水土保持部分典型案例内容。

本书注重分析设计文件与相关规程、规范、标准、文件等要求相悖或未按要求执行情况,梳理问题并进行重点剖析。每个案例从工程概况、原设计方案、存在的主要问题、解决方案及预防措施4个方面对设计存在的问题进行分析,提供具体判断依据,并给出问题解决方案和后续工作建议。其中,工程概况部分对相关工程情况进行简述;原设计方案部分对设计提交方案进行具体描述;存在的主要问题部分具体分为问题描述、依据性文件要求、隐患及后果3方面,阐述设计存在的问题,对违反的技术条款和依据性文件内容进行详细说明,并指出此类问题可能对工程后续建设造成的隐患风险;解决方案及预防措施部分提供针对性的解决方案及预防举措。因书中部分图片原图较大,故以二维码的形式随图编排,如有需要可扫码阅读。本书具有较强的参考价值和指导意义,能有效指导输变电工程初步设计阶段设计人员开展工作,可供从事交流输变电工程设计及评审人员学习使用。

由于作者水平所限,书中难免存在疏漏与不足之处,衷心希望广大读者批评指正!

作　者
2024年11月
于哈尔滨

目 录

第1章 输变电工程初步设计常见问题汇总 ·· 1
- 1.1 电气一次专业 ·· 1
- 1.2 电气二次专业 ·· 2
- 1.3 土建、水工及消防专业 ·· 4
- 1.4 通信专业 ·· 6
- 1.5 线路专业 ·· 7
- 1.6 环水保专业 ·· 10

第2章 变电专业典型案例分析 ·· 12
- 2.1 电气一次专业 ·· 12
- 2.2 电气二次专业 ·· 35
- 2.3 土建、水工及消防专业 ·· 47
- 2.4 通信专业 ·· 61

第3章 线路专业典型案例分析 ·· 69
- 3.1 线路电气专业 ·· 69
- 3.2 线路结构专业 ·· 81

第4章 环水保专业典型案例分析 ·· 97
- 4.1 环境保护部分 ·· 97
- 4.2 水土保持部分 ·· 99

第1章 输变电工程初步设计常见问题汇总

1.1 电气一次专业

电气一次专业共归纳初步设计常见问题11个,具体内容详见表1.1。

表1.1 电气一次专业初步设计常见问题汇总表

序号	问题名称	问题描述	原因及解决措施
1	短路电流计算未考虑多台主变并列运行方式	某110 kV变电站2号主变压器(主变)扩建工程,现运行常规阻抗主变压器1台,本期扩建主变压器1台,未考虑多台主变并列运行条件下的短路电流	原因:未充分理解电力系统计算在变电一次设计中的运用,设计文件电力系统部分未按照设计内容深度规定编写。 解决措施:完善短路电流计算,合理采用高阻抗变压器
2	扩建和改建工程未调查工程地质、水文气象条件	某220 kV变电站扩建工程,原站为户外空气绝缘开关设备(AIS)方案,本期需新建部分主接地网。未调查该变电站的水文气象条件,在未考虑冻土层深的情况下参照经验进行了接地设计	原因:设计深度不足,对前期支撑性材料未给予重视。 解决措施:补充水文地质等环境资料,开展必要的差异化设计
3	主变扩建、增容改造工程缺少大件运输方案	某220 kV变电站主变扩建工程,前期已建1台主变压器,本期扩建1台主变压器。 主变扩建或增容改造工程未开展大件运输方案设计,遗漏费用或粗略计列一笔性费用	原因:设计深度不足,大件运输方案考虑不全面。 解决措施:补充大件运输方案,合理计列运输费用
4	停电过渡方案不合理	某110 kV变电站主变扩建工程,现运行2台31.5 MV·A主变压器,本期将2号主变更换为50 MV·A。复杂停电过渡未进行综合比对,停电方案停电次数多、投资高、可靠性低	原因:复杂停电过渡未进行综合比对,未开展专业间技术沟通。 解决措施:结合停电时间、停电次数、实施难度、投资等情况开展技术、经济综合比较,制定最优方案
5	配电装置安全净距不满足规程规范要求	某66 kV变电站间隔扩建工程中,本期新建1个66 kV出线间隔。由于未考虑道路转弯,因此造成电气距离校验有误	原因:规范理解、执行不到位。 解决措施:调整总平面布置

续表1.1

序号	问题名称	问题描述	原因及解决措施
6	电气布置平、断面图未采用土建提供的建(构)筑物平、剖面图	构支架、墙、建筑物等与实际不符，造成距离校验有误	原因：专业间配合不足。 解决措施：图纸中涉及土建的部分应与专业核实一致
7	变电站站内道路不满足消防要求	某66 kV变电站改造工程中，本期更换两台主变压器，新征地后新建10 kV配电装置室，未考虑消防环道或回车道	原因：电气专业对防火规范学习不到位。 解决措施：调整总平面布置
8	一期单台主变工程站外电源可靠性未进行充分论证	某66 kV变电站新建工程，本期建设1台主变，66 kV出线1回，新建2台站用变。一期仅建设单台主变，站外电源可实施性、可靠性未论证	原因：设计深度不足。 解决措施：按设计深度要求补充
9	避雷针设计不合理	某66 kV变电站扩建工程，本期扩建66 kV出线间隔1个，向南、向东扩建围墙。独立避雷针与配电装置或道路出口距离不满足要求，未经校验采用独立避雷针，占地面积较大	原因：对防雷设计原则掌握不足。 解决措施：加强设计人员对防雷设计的理解，必要时多做对比分析，优化防雷设计方案
10	电缆敷设不满足要求	某110 kV变电站新建工程，高压电力电缆与控制电缆共沟敷设、路径重叠，未核实电缆沟截面是否满足需求	原因：对现行规范理解、执行不到位，缺乏对电气设备与电缆沟间关系的理解。 解决措施：调整设计方案
11	电缆数量计列不准确	某110 kV变电站改造工程，本期材料包含电容器电缆、接地变电缆，同时本工程需停电过渡，过渡方案包含电缆材料。电缆材料存在漏计或重复计列、未考虑过渡电缆复用	原因：缺少工程量校核环节，工程量计列不准确。 解决措施：加强校核，合理计列

1.2 电气二次专业

电气二次专业共归纳初步设计常见问题8个，具体内容详见表1.2。

表1.2 电气二次专业初步设计常见问题汇总表

序号	问题名称	问题描述	原因及解决措施
1	电容器保护配置不合理	某220 kV变电站新建工程，电容器保护装置与电容器一次接线不匹配，造成二次保护装置接线错误	原因：二次专业与一次专业相互配合不足。 解决措施：应加强专业间配合

续表1.2

序号	问题名称	问题描述	原因及解决措施
2	电流互感器保护级绕组位置布置错误	某220 kV变电站扩建工程，双母线（单母线）接线，保护CT布置在母线与断路器之间，造成母线主保护存在死区	原因：相关技术原则掌握不清。 解决措施：二次设计人员应结合规范及运行要求，确定CT二次绕组数量及布置
3	站内二次设备现状核实不准确	某220 kV变电站扩建工程，设计未对已有站内公用设备的预留接口数量及类型进行校核，导致后续阶段站内公用设备不满足改扩建工程接入需求	原因：初设阶段未校核站内现有公用设备的预留接口数量及类型是否满足改扩建工程的需求。 解决措施：应强化对工程前期公用设备等资料的收集工作
4	备自投装置配置方案与调度运行方式不匹配，不满足调度运行方式要求	某220 kV变电站新建工程，设计未综合考虑调度运行方式要求，存在有源线路、主变进线等备用电源自动投入装置漏配的情况，不满足调度运行方式要求	原因：未与调度核实有源线路及相应的备自投策略配置需求。 解决措施：设计应与调度部门核实调度运行方式，明确备自投配置方案
5	线路保护配合不合理	某新建110 kV输变电工程，设计对于"π"接、改建线路，未明确两端线路保护是否需要更换及未明确更换原因	原因：内容设计深度不足。 解决措施：应充分了解对侧变电站保护配置情况，关注电网运行方式及周边电源接入情况，再确定对侧是否更换保护装置，并制定合理的保护改造或更换方案
6	线路两端保护选型不匹配，保护通道选择不合理	某新建220 kV输变电工程，线路保护采用光纤差动保护时，设计未考虑整体线路长度（或将新建线路长度与整体线路长度混淆），导致光信号长距离传输时衰减	原因：未明确整条线路长度。 解决措施：应按照整条线路长度选配满足保护光纤通道传输要求的保护装置和通信方式
7	材料计列不准确，影响工程造价的准确性	某66 kV变电站1号主变扩建工程，未校核站内配电装置场区预留电缆沟道及过道管布置位置，未结合本期主接线改造形式合理考虑各类线缆的敷设量	原因：设计深度不足。 解决措施：应根据规划敷设路径，参照施工图设计深度对控制电缆、低压电力电缆、光缆等材料进行测量
8	缺少变电站自动化系统方案配置图、缺少主变压器保护配置图	改扩建工程缺少变电站自动化系统方案配置图、缺少主变压器保护配置图	原因：缺少变电站自动化系统方案配置图、主变压器保护配置图，将无法知晓变电站内现有自动化系统的配置原则及主变保护、CT准确级配置的合理性。 解决措施：设计人员应按照工程规模提交相关图纸

1.3 土建、水工及消防专业

土建、水工及消防专业共归纳初步设计常见问题12个,具体内容详见表1.3。

表1.3 土建、水工及消防专业初步设计常见问题汇总表

序号	问题名称	问题描述	原因及解决措施
1	新建变电站竖向设计不满足防洪、防内涝要求,支撑性材料缺失	某110 kV新建变电站工程,站址设计标高的确定缺少1%(2%)一遇洪水位及内涝水位相关支撑性文件	原因:变电站初步设计审核阶段设计单位已提供水文气象报告,但报告中未对洪水位、内涝水位进行具体描述,有失准确性。解决措施:设计单位对水文气象报告中1%(2%)一遇洪水位及内涝水位重新进行勘察并明确具体数值,再进行变电站竖向设计,保证站址竖向设计不受洪水及内涝水位的影响
2	变电站站内道路设计不满足消防要求	某66 kV变电站1号主变增容工程,变电站总平面布置未设计消防环道或回车道,不满足规程规范要求	原因:设计单位未按照规范要求设计消防环道或回车道。解决措施:采用"T"形回车道,满足消防规范要求
3	事故储油池容量不满足主变压器油量要求	某66 kV变电站2号主变增容工程,设计单位未对原有事故储油池进行收资,未按照最新规范要求的100%储油量进行设计就进行拆除并新建处理,导致设计深度严重不足	原因:设计单位未充分考虑原事故储油池是否满足新增主变油量要求就进行拆除并新建。解决措施:设计单位重新收资后,发现原有事故储油池容积不满足现行规范要求,对设计方案进行补充,拆除重建现有事故储油池,并满足距周边建(构)筑物的防火距离
4	地基处理方案不满足承载力和变形要求	某110 kV新建变电站工程,根据地质勘察报告和相关规范,道路和其他构筑物地基采用换填处理是不合适的	原因:变电站内其他构筑物采用的地基处理方式不当。解决措施:根据场地地质勘察报告,其他构筑物地基采用水泥搅拌桩处理,安全可靠
5	边坡方案未充分考虑站区用地	某110 kV新建变电站工程,站址东侧与南侧围墙外征地面积过大,占用原有耕地、林地等,对自然资源造成浪费	原因:设计单位前期征地面积过大,造成资源浪费。解决措施:充分利用自然地形对边坡方案进行优化,调整了放坡率,采用分级放坡的方式

续表1.3

序号	问题名称	问题描述	原因及解决措施
6	变电站建(构)筑物不满足防火间距要求	某110 kV变电站2号主变增容工程,新建的事故储油池与2号主变设备较近,小于防火规范规定的5 m的防火间距要求	原因:事故储油池与主变距离不满足规定的防火间距要求。解决措施:调整事故储油池位置,使其与站内建(构)筑物满足消防安全距离
7	配电装置室未考虑配置轴流风机进行机械排风	某110 kV主变扩建工程,新建10 kV配电装置室内未设置轴流风机进行机械排风	原因:设计单位未考虑在配电装置室内设置轴流风机进行机械排风。解决措施:按照相应的规范要求在配电装置室内设置了轴流风机进行机械排风
8	二次设备室未考虑配置空调	某110 kV 2号主变增容改造工程,二次设备室内未考虑配置空调	原因:设计单位未充分考虑在二次设备室配置空调,进行温度调节。解决措施:按照相应的规范要求在二次设备间设置了空调进行温度调节
9	给排水接入资料不全	某110 kV新建变电站工程,未根据深度规定收集相关资料,未说明给排水点的相关情况	原因:设计单位提供的给排水资料不全面。解决措施:按照深度规定收集相关资料,并说明给排水点的相关情况
10	打"深井"供水资料不全	某110 kV新建变电站工程,对确定站址的水源勘探深度不够	原因:设计单位对站址的水源勘察深度不足。解决措施:按照深度规定补充打深井报告及水质化验报告。明确打井的深度、出水量、水质是否符合生活水饮用标准等指标
11	事故储油池不满足排水要求	某110 kV变电站新建工程,事故储油池不满足排水要求	原因:设计单位未充分考虑事故储油池排水设计。解决措施:按照深度规定进行事故储油池的排水设计
12	化粪池与地下取水构筑物的净距不满足要求	某110 kV变电站新建工程,化粪池与地下取水构筑物的净距不满足大于30 m的要求	原因:设计单位未充分考虑化粪池与地下取水构筑物的净距要求。解决措施:对化粪池按照规范规定进行设计

1.4 通信专业

通信专业共归纳初步设计常见问题5个,具体内容详见表1.4。

表1.4 通信专业初步设计常见问题汇总表

序号	问题名称	问题描述	原因及解决措施
1	变电站相关光传输设备现状核实不准确	新建某110 kV变电站(A站),接入某220 kV变电站(B站),建设B站—A站的SDH 622 Mbit/s (1+1)光通信电路,需在B站的光传输设备上扩容2块622 Mbit/s光接口板。B站的光传输设备已无空余槽位,新增的2块622 Mbit/s光接口板无法接入该设备	原因:设计收资深度不足,没有对通信现状进行系统全面的了解。解决措施:在投资不超可研情况下,将B站的光传输设备上的单光口板倒换成双光口板或四光口板
2	站内引入光缆敷设需满足双路由要求	某220 kV变电站新建工程,随新建220 kV线路架设2根光缆,站内2根引入光缆敷设在同一电缆沟内进入二次设备室	原因:设计人员对相关规程规范不熟悉。解决措施:优化调整引入光缆敷设路径方案,满足双路由要求
3	不满足OPGW光缆进站三点接地要求	某新建110 kV变电站,OPGW光缆进站引下接地不满足三点接地要求	原因:设计人员对相关规程规范不熟悉。解决措施:补充OPGW三点接地设计,并加强专业间设计配合的规范性
4	光缆改造缺少通信过渡方案	某新建110 kV线路,该线路需钻越220 kV线路。为满足线路钻越要求,需将该220 kV线路的某号杆塔—某号杆塔之间线路进行抬高改造,造成该220 kV线路上的光缆中断,设计未根据要求做通信临时过渡方案	原因:设计人员对相关规程规范不熟悉,设计方案考虑不全面。解决措施:根据省信通要求,补充通信临时过渡方案
5	通信方案光缆芯数不满足要求	新建1回110 kV线路,随新建线路架设1根24芯OPGW光缆	原因:设计人员对相关规程文件不熟悉。解决措施:依据相关文件,随新建110 kV线路架设1根48芯OPGW光缆

1.5 线路专业

线路专业共归纳初步设计常见问题 18 个,具体内容详见表 1.5。

表 1.5 线路专业初步设计常见问题汇总表

序号	问题名称	问题描述	原因及解决措施
1	各电压等级出线方案未协同	某新建 220 kV 变电站,本期新建 220 kV 线路出站后需跨越某 110 kV 双回架空线路。设计未结合本站 110 kV 送出切改方案,造成变电站出口处塔材及基础工程量指标较高,同时增加了施工作业风险和线路停电过渡时间	原因:设计人员未能充分结合变电站 110 kV 送出工程接入系统方案,从而统筹考虑变电站各电压等级出线情况。 解决措施:设计方案中统筹考虑变电站本期 220 kV 和 110 kV 两电压等级整体接入系统方案,开展协同设计
2	线路、变电专业缺乏配合,导致相序错误,存在安全隐患	某 66 kV 架空线路工程,路径长度约 0.85 km,全线单回路架设,本期线路由 T 接改为 π 接,线路、变电专业沟通不充分,导致变电站两端进、出线相序不匹配	原因:线路专业、变电专业初设阶段技术方案对接不充分。 解决措施:设计人员进行现场踏勘,确定线路及变电站两侧相序,线路、变电专业初步设计阶段开展变电站进、出线间隔及相序的图纸会签工作。根据会签结果,变电专业完善 B 变电站调整间隔过渡方案,线路专业补充完善变电站进、出线示意图和相序示意图
3	对"三跨"定义认知模糊,跨越普通铁路仍采用独立耐张段	某 66 kV 架空线路工程,路径长度约 19 km,全线单回路架设,在线路设计过程中,跨越普通铁路仍按照"三跨"原则采用独立耐张段设计。设计人员擅自提高设计标准,造成投资浪费	原因:设计人员对"三跨"定义认知模糊。 解决措施:设计人员严格按照"三跨"定义标准进行设计,取消"耐-直-直-耐"独立耐张段跨越,按照普通跨越进行设计,并取消在线监控装置
4	地形比例未按工程现场实际情况划分,分类不合理	某 66 kV 架空线路工程,路径长度约 25.69 km,全线单回路架设,山地地形比例划分过大,导致投资增加	原因:设计人员对山地、丘陵定义模糊。 解决措施:设计人员根据实际杆塔平断面高程,严格按地形定义进行地形比例划分

续表1.5

序号	问题名称	问题描述	原因及解决措施
5	统一爬电比距认知模糊,未按规范要求选取	某66 kV架空线路工程,路径长度约18 km。设计未考虑系统非直接接地形式与爬电比距的关系,导致相同污秽等级下绝缘子的统一爬电比距选择偏小,存在安全隐患	原因:未考虑系统非直接接地形式与爬电比距的关系。解决措施:设计人员综合考虑电压等级与系统接地形式,并参照工程对应电压等级设计规范中污秽分级标准确定统一爬电比距,并配置绝缘
6	关于敏感点赔偿问题,未提前开展先签后建工作	某66 kV线路改造工程,新建单回线路总亘长7.47 km,因路径局限性,涉及跨越房屋22处。本工程可研阶段只计列了跨越数量但未考虑跨越房屋赔偿问题,初设阶段遵循可研未计列相关费用	原因:设计过程中对赔偿情况未予以重视,漏列跨越敏感点赔偿费用,且未进行先签后建工作。解决措施:属地建管单位经与当地政府部门共同会商,最终出具跨越房屋、庭院内立塔等相关赔偿明细盖章文件,初步设计阶段按照此标准计列赔偿费用
7	初设线路路径与可研产生较大变化,未与上级单位沟通汇报	某110 kV线路工程(2023年2月开展初步设计评审),新建单回架空线路亘长30 km,为规避初设阶段发现的生态红线,线路路径较可研线路路径产生较大偏移,对于设计方案重大变更事宜未及时向上级沟通汇报	原因:设计对上级下发文件掌握不准确,重视度不高。解决措施:建管单位组织设计按要求填写"一单一册"沟通汇报材料,并报送上级主管部门,并对该工程备案
8	缺少初步设计内容深度规定所需图纸	某220 kV线路工程,新建单回架空线路亘长31 km,地线采用2根OPGW复合光缆,未按初步设计深度要求提供单相接地零序短路电流曲线图	原因:设计对初步设计内容深度规定要求文件重视度不高。解决措施:设计单位按初步设计内容深度规定要求补充输电线路单相接地零序短路电流曲线图,并进行地线的热稳定校验
9	杆塔使用条件不满足时,未按要求重新校验	某66 kV架空线路工程,路径长度约63.13 km,全线单回路架设,该工程提供的设计气象条件中,最低气温工况温度为−53 ℃,设计采用最低温度为−40 ℃模块铁塔,未对铁塔模块进行重新校验,也未考虑低温工况可能引起的塔重增加	原因:对规范理解不透彻,安全意识不强。解决措施:设计人员按本工程低温工况−53 ℃对铁塔进行重新校验,并在设计过程中考虑由低温工况改变所引起的塔重增加量,以保证铁塔的运行安全

续表 1.5

序号	问题名称	问题描述	原因及解决措施
10	地脚螺栓规格未按国网公司相关文件要求选择	某 66 kV 架空线路工程,路径长度约 1.1 km,全线单回路架设,某一基础形式地脚螺栓规格选用 M27,未执行国网相关文件要求	原因:设计人员对现行规范掌握不及时。解决措施:设计人员根据相关规范要求,将该基础地脚螺栓规格调整为 M30,并按调整后的地脚螺栓规格,重新校核塔脚板上的地脚螺栓孔径、孔间距、孔边距等尺寸
11	基础形式选择未考虑地质影响因素	某 66 kV 架空线路工程,路径长度约 1.7 km,全线单、双回路混合架设,地形以平地为主,局部地区存在沼泽。设计人员推荐全线采用刚性基础	原因:未充分结合水文、地质报告配置基础。解决措施:设计人员结合沿线地质条件,优化主要基础形式,在沼泽地区优先选用原状土基础,如灌注桩基础。优化后减少了基础工程量,降低工程造价,便于后期施工
12	线路改造未经校核直接利用旧塔,存在安全隐患	某 66 kV 架空线路改造工程,路径长度约 3.7 km,全线采用单回路架设,设计人员未经校验,直接利用既有杆塔,无法确定其安全可靠性,为工程埋下了安全隐患	原因:对规范要求执行度不高,缺乏安全意识。解决措施:设计人员根据工程实际情况对利旧杆塔和基础进行了重新校验,并提交计算书
13	未按国网安检印发文件要求装设输电线路防高坠装置	某 110 kV 架空线路工程,路径长度约 13.2 km,全线采用单回路架设,工程于 2023 年 11 月中旬完成可研批复,未按要求加装输电线路防高坠装置	原因:建管单位与设计单位未及时了解有关杆塔防坠落装置最新文件要求。解决措施:按照"钢管杆塔、30 m 及以上杆塔(全高)和 220 kV 及以上线路杆塔应设置作业人员上下塔和水平移动的防坠安全保护装置"的标准装设固定防坠导轨
14	水文资料深度不足,不足以支撑基础设计方案	某 110 kV 架空线路工程,路径长度约 2×7.8 km,全线采用单回路架设,水文报告深度不满足要求,对所涉及河流、湖泊、水库等水体的水文条件调查不充分,河滩立塔时未进行必要的水文计算,设计洪水位、最大冲刷深度等数据不准确,内涝积水区塔位未提供内涝水位分析成果,设计方案不能准确考虑内涝影响	原因:对设计支撑性报告缺乏重视。解决措施:设计单位增加了初设阶段勘测力量投入,按照勘测报告成品的相关深度要求编制水文报告,并按水文报告内容提高内涝段塔位基础露头高度

续表1.5

序号	问题名称	问题描述	原因及解决措施
15	地质资料深度不足,造成基础设计方案发生较大变化	某110 kV架空线路工程,路径长度约20.3 km,全线采用单回路架设,地勘报告深度不足,地质分层描述不准确,地基承载力相比周边相近工程取值较大;地质水位情况不准确;地基土、地下水腐蚀性、湿陷性评级依据不充分,结论不准确	原因:对设计支撑性报告缺乏重视。解决措施:设计人员在初步设计阶段,结合工程现场实际情况,重新编制地勘报告,使报告深度满足工程设计需求
16	电缆敷设断面图排管孔数设计不合理,未按要求预留检修孔	某66 kV电缆线路工程,路径长度约3.1 km,全线采用单回路敷设,排管断面为3×1孔,在满足规划需要的基础上,未按相关要求预留检修孔	原因:对现行规范理解、执行不到位。解决措施:设计人员按要求重新对电缆敷设断面图进行规划,新增电缆检修孔
17	机械化施工方案设计深度不足	某220 kV架空线路工程,路径长度约10.3 km,全线采用单回路架设,线路沿线地形比例为平地100%。机械化施工方案修建临时道路过多,方案不合理	原因:机械化施工方案未结合冬季施工方案充分利用相邻道路。解决措施:设计人员按照深度要求对机械施工专题报告进行修改,重新规划机械化施工道路
18	电缆采用直埋穿保护管方式敷设,不符合相关文件要求	某66 kV电缆线路工程,路径长度约1.8 km,全线采用单回路敷设,变电站外部分电缆采用直埋穿保护管方式敷设,违反国家电网运检〔2014〕354号文相关规定	原因:对现行文件要求掌握不到位。解决措施:设计人员充分学习了解相关技术文件,并按照相关文件要求,按照混凝土全包封排管敷设方式进行设计

1.6 环水保专业

环水保专业共归纳初步设计常见问题7个,具体内容详见表1.6。

表1.6 环水保专业初步设计常见问题汇总表

序号	问题名称	问题描述	原因及解决措施
1	工程项目未按环保要求编制环境影响报告表	某110 kV工程在初步设计阶段未委托有相应资质的单位编制环境影响报告表	原因:对环保相关规程规范要求不重视。解决措施:建设单位在工程初步设计阶段委托有相应资质的单位编制环境影响报告表

续表 1.6

序号	问题名称	问题描述	原因及解决措施
2	扩建变电站噪声超标未采取降噪措施	某 110 kV 改扩建变电站工程,初步设计阶段未考虑变电站运行期噪声影响	原因:忽视变电站噪声影响。解决措施:在围墙处增加隔声屏障后,满足扩建后环境影响评价要求
3	工程项目未按要求编制水土保持方案报告表	某 220 kV 变电站主变扩建工程,在初步设计阶段,因设计改变了原有的基础形式,导致了挖填方总量为 1 050 m^3,根据要求挖填方总量应大于 1 000 m^3,该工程在初步设计阶段未委托有相应能力的单位编制水土保持方案报告表	原因:对水保相关规程规范要求不重视。解决措施:建设单位在工程初步设计阶段委托具备相应技术条件的机构编制水土保持方案报告表
4	杆塔基础水土保持措施不满足要求	某 220 kV 输变电工程,线路采用单回路自立式铁塔架设。本工程发现部分塔位位于山地丘陵区,在初步设计阶段并未考虑水土保持措施,未设置护坡和截水沟来防止水土流失	原因:未考虑线路塔位水土流失带来的影响。解决措施:在塔基处设计截水沟,对运行期坡面来水进行拦截
5	工程建设中黑土地表土未进行剥离	某 220 kV 输变电工程,架设线路采用单回路架设。杆塔基础施工过程中,未对塔基施工区的黑土地表土进行剥离	原因:未对塔基施工区的黑土地表土进行剥离。解决措施:工程施工前将塔基区永久占地表土进行剥离,表土集中堆放于塔基施工区内布设的临时堆土场中,待施工结束后,将剥离表土全部回覆于塔基下实施植物措施的区域
6	变电站站外排水不满足水土保持要求	某 220 kV 变电站新建工程,站址东侧 150 m 有一自然冲沟可供站外排水。原变电站站外排水采用直接经围墙外防洪沟排至站外的方式	原因:未重视排水对当地水土保持的影响。解决措施:在站区排水排洪沟与自然冲沟间增加排水沟至自然冲沟,在排水沟末端增加汇流池
7	初步设计评审阶段未按要求提供水土保持方案报告	某 110 kV 变电站 2 号主变扩建工程,前期已建 1 台主变,本期扩建 1 台主变压器	原因:对水保相关规程规范要求不重视。解决措施:本工程变电站挖填方总量为 2 400 m^3,满足"挖填土石方总量在 1 000 m^3 以上 50 000 m^3 以下"条件,应在工程初步设计评审前完成水土保持方案报告表的编制工作

第2章 变电专业典型案例分析

2.1 电气一次专业

2.1.1 短路电流计算未考虑多台主变并列运行方式

1. 工程概况

某110 kV变电站2号主变扩建工程,现运行常规阻抗主变压器1台,本期扩建主变压器1台。

2. 原设计方案

原设计方案采用常规阻抗变压器,其说明书中相关部分内容截图如图2.1所示。

4.1 短路电流水平

根据设计的方案,进行短路电流计算,计算水平年2025年。

短路电流计算结果表   单位:kV、kA

变电站名称	母线电压等级	三相短路	
		最大方式短路电流	短路容量
110 kV＊＊变	110	7.906	1 506.295
110 kV＊＊变	10	14.907	258.197

图2.1 原设计方案说明书中相关部分内容截图

3. 存在的主要问题

(1)问题描述。

仅参照单台主变状态下电力系统短路电流计算结果,未考虑多台主变并列运行条件下的短路电流,未合理采用高阻抗变压器。

(2)依据性文件要求。

根据《国家电网有限公司输变电工程初步设计内容深度规定 第2部分:110(66) kV智能变电站》(Q/GDW 10166.2—2017)第5.5.2条规定,电力系统部分相关设计、计算应给出明确的边界条件,如变电站各电压侧的负荷、交换功率、运行方式、线路杆塔参数等。

(3)隐患及后果。

部分设计人员未充分理解电力系统计算在变电一次设计中的运用,设计文件电力系统部分未按照设计内容深度规定编写,造成主变扩建时采用常规阻抗变压器则短路电流不满足要求、采用高阻抗变压器则无法与常规阻抗变压器并列运行,影响后续工程开展。

4. 解决方案及预防措施

(1)解决方案。

完善了短路电流计算,根据短路电流计算结果,鉴于本站未来有主变并列运行的需求,本期采用高阻抗变压器,10 kV侧暂采用分列运行方式,等待后续工程更换较旧的1号主变压器,修改后设计方案说明书中相关部分内容截图如图2.2所示。

4.1 短路电流水平

根据设计的方案,进行短路电流计算,计算水平年2025年。

短路电流计算结果表

变电站名称	运行方式	短路电流/kA	
**变	两台主变并列运行	全网大方式	28.258
		全网小方式	25.052
**变	两台主变分列运行	全网大方式	16.213
		全网小方式	15.027

从短路电流计算结果来看,设备制造水平可以满足要求。本期新上110 kV设备短路电流水平按不低于40 kA考虑。本期新上10 kV设备短路电流水平按不低于31.5 kA考虑。

图2.2 修改后设计方案说明书中相关部分内容截图

(2)预防措施。

设计单位应充分掌握初步设计内容深度规定,设计过程中应严格执行初设内容深度规定,说明书中电力系统部分应内容完整、计算充分,支撑初设中电气一次部分的相关选型校验。

2.1.2 扩建和改建工程未调查工程地质、水文气象条件

1. 工程概况

某220 kV变电站扩建工程,原站为户外AIS方案,本期需新建部分主接地网。

2. 原设计方案

主接地网采用热镀锌扁钢,与前期一致,垂直接地极长2.5 m。

3. 存在的主要问题

(1) 问题描述。

未调查该变电站的水文气象条件,在未考虑冻土层深的情况下参照经验进行了接地设计。

(2) 依据性文件要求。

根据《国家电网有限公司输变电工程初步设计内容深度规定 第8部分:220 kV 智能变电站》(Q/GDW 10166.8—2017)第4.2.6条规定,改建和扩建工程应说明站址条件,包括工程地质、水文地质和水文气象条件等。

根据《交流电气装置的接地设计规范》(GB/T 50065—2011)第4.3.1.6(3)条规定,季节性的高电阻率层厚较深时,可将水平接地网正常埋设,在接地网周围及内部交叉节点布置短垂直接地极,其长度宜深入季节高电阻率层下面2 m。

(3) 隐患及后果。

该变电站地处高寒地区,在接地网埋深地下0.8 m,垂直接地极长2.5 m的条件下,当冻土层深较大时,将导致接地电阻升高,站内接触电压跨步电压将超出规定值,对人身安全产生威胁。

4. 解决方案及预防措施

(1) 解决方案。

由于该工程为扩建工程,调用了前期水文气象报告,经查验,该站冬季冻土层深为2.8 m,结合地质条件,采用加长接地极为3.5 m的方式,经校验满足相关要求。

(2) 预防措施。

设计单位应提高对改扩建工程水文气象资料的重视程度,在收资过程中将水文气象资料作为必备资料进行收集;设计过程中应严格执行初设内容深度规定,说明书中应包括站址条件章节,并结合工程前期开展相关设计。

2.1.3 主变扩建、增容改造工程缺少大件运输方案

1. 工程概况

某220 kV 变电站主变扩建工程,前期已建1台主变压器,本期扩建1台主变压器。

2. 原设计方案

未见大件运输方案或相关描述。

3. 存在的主要问题

(1) 问题描述。

主变扩建或增容改造工程未开展大件运输方案设计,增容工程未考虑旧主变拆除后的运输方案,遗漏费用或粗略计列一笔性费用。

(2)依据性文件要求。

根据《国家电网有限公司输变电工程初步设计内容深度规定 第 8 部分:220 kV 智能变电站》(Q/GDW 10166.8—2017)第 4.2.6 条规定,主变压器增容或扩建需说明周边道路和站内道路情况,是否满足大件运输及施工需要。

(3)隐患及后果。

设计过程盲目认为该类工程前期大件运输条件未发生变化,未对大件运输条件进行复核,缺少大件运输方案将导致费用漏计或费用不准确,导致后续工作难以开展。

4. 解决方案及预防措施

(1)解决方案。

对该变电站公路运输路线进行调查,并补充大件运输方案。

经查沿线公路在先期工程完成后增设了 3 m 限高一处,如图 2.3 所示。本期主变运输尺寸无法通过,经与公路管理部门沟通,采取临时拆卸的方式进行本期运输,需做好后续施工组织。

图 2.3 运输路线限高

(2)预防措施。

设计单位应按初设深度要求补充大件运输方案,包括以下内容。

①说明运输条件,道路应经过勘察,并根据水路、陆路、铁路情况综合比较运输方案。

②说明主变压器等大件设备的运输外形尺寸、单件运输重量、件数,对运输的要求及应注意的问题。

③说明大件设备卸货点到站址的运输路线和运输方案(含公路、铁路、水运、码头及装卸等设施)及需要采取的特殊措施(如桥涵加固、拆迁、修筑便道等情况)和大件运输费用,并提供有关单位的书面意见。

④说明大件设备运输所需主要机具及技术参数。

2.1.4 停电过渡方案不合理

1. 工程概况

某110 kV变电站主变扩建工程,现运行2台31.5 MV·A主变压器,本期将2号主变更换为50 MV·A。

2. 原设计方案

由于本站是地区唯一电源且不存在单台31.5 MV·A主变带全部负荷的窗口期,因此过渡期间拟将新购50 MV·A主变临时投运带部分负荷。原送审过渡方案如图2.4所示。

3. 存在的主要问题

(1)问题描述。

设计人员认为需要在停电过渡方案下更换110 kV侧2号主变进线间隔电流互感器,所以过渡方案将临时主变接入了110 kV分段间隔。

(2)依据性文件要求。

根据《输变电工程施工停电及过渡方案内容深度规定》(Q/GDW 12330—2023)第4.3条规定,施工停电及过渡方案应安全可靠、经济合理,满足主体工程建设要求;第4.4条规定,当存在多个可行的方案时,应结合停电时间、停电次数、实施难度、投资等情况开展技术、经济综合比较,提出推荐方案。

(3)隐患及后果。

分段保护与主变保护是不同的,该种方案可能需要更多次停电和更长的停电时间,临时运行方式存在运行风险。

4. 解决方案及预防措施

(1)解决方案。

方案调整为将临时主变接入2号主变进线间隔,可先通过短时停电来实现2号主变进线间隔电流互感器的更换和改接至临时主变,在最大限度减少停电时间的同时增强了方案可靠性。修改后过渡方案如图2.5所示。

(2)预防措施。

设计单位需征求调度、运检修部门的意见,掌握电网运行方式,重点论述停电期间的负荷转供情况,明确过渡阶段施工实施方案,并根据实际情况考虑临时过渡费用。设计单位对改扩建工程应针对停电过渡开展专门论证,进行必要的技术经济比较后确定方案。

第 2 章 变电专业典型案例分析

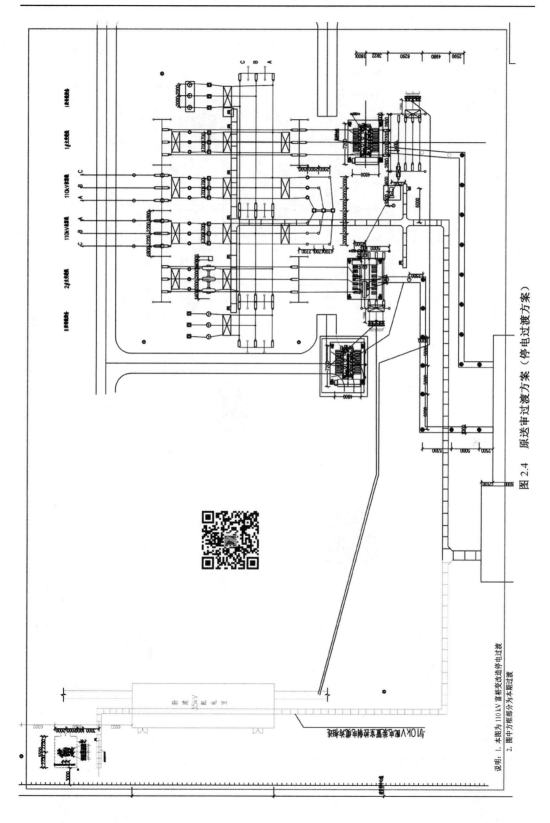

图 2.4 原送审过渡方案（停电过渡方案）

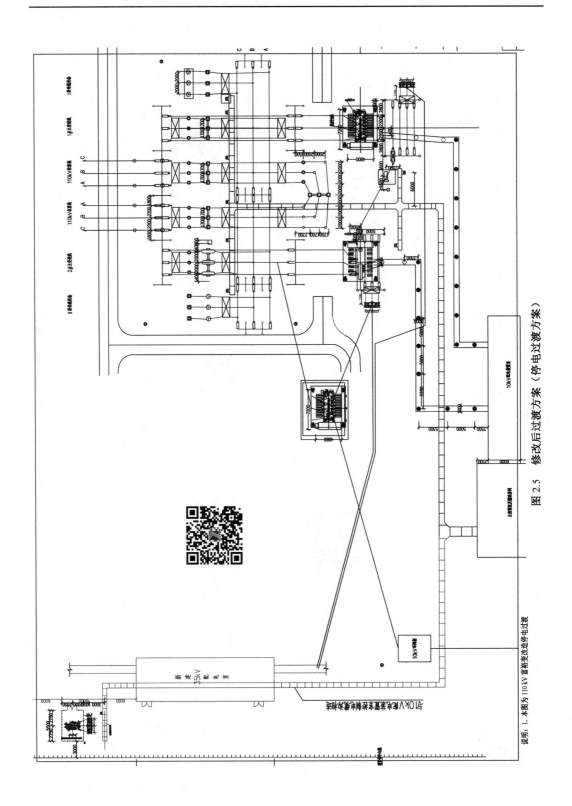

图 2.5 修改后过渡方案（停电过渡方案）

2.1.5 配电装置安全净距不满足规程规范要求

1. 工程概况

某 66 kV 变电站间隔扩建工程中,本期新建 1 个 66 kV 出线间隔。

2. 原设计方案

由于原站采用简易出线,本期拟新建完整出线间隔,因此将场区向左扩建,并增设道路。送审总平面布置图如图 2.6 所示。

3. 存在的主要问题

(1)问题描述。

虽然断面图上隔离开关距道路电气距离校验合格,但未考虑转弯处隔离开关距道路实际距离更近,不满足规程要求。

(2)依据性文件要求。

配电装置空气间隙指在这一距离下,无论是在正常工作电压或出现内、外部过电压时,都不致使空气间隙击穿。根据《高压配电装置设计规范》(DL/T 5352—2018)第 5.1.2 条规定,屋外配电装置的最小安全净距不应小于表 5.1.2-1、表 5.1.2-2 的规定;第 5.1.4 条规定,屋内配电装置的安全净距不应小于表 5.1.4 的规定;第 5.1.5 条规定,应装设固定遮栏;第 5.1.7 条规定,屋外配电装置带电部分的上面或下面不应有照明、通信和信号线路架空跨越或穿过,以及屋内配电装置的带电部分上面不应有明敷的照明、动力线路或管线跨越等,应严格执行上述规定。

(3)隐患及后果。

隔离开关距道路过近,存在安全隐患。

4. 解决方案及预防措施

(1)解决方案。

在允许范围内压缩了出线间隔的设备间距,并将间隔整体向母线下平移,使道路转弯处净距符合规程要求。修改后总平面布置图如图 2.7 所示。

(2)预防措施。

设计单位应熟练掌握不同电压等级的各类最小安全净距适用条件,根据工程实际情况准确运用,重点对导线受风偏影响、隔离开关导电臂打开、设备运输外轮廓按路宽增加 500 mm 等状态进行校验,此外还应特别注意与土建专业核实构(建)筑物及道路实际位置和尺寸。设计单位应严格执行变电站初设内容深度规定,配电装置断面图纸应标注各种必要的安全净距。

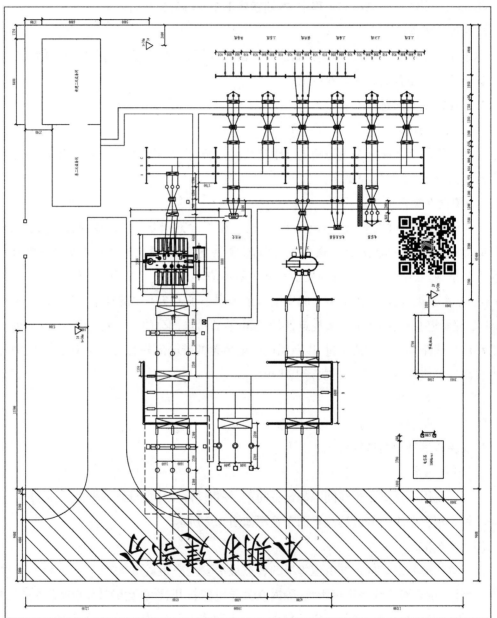

图 2.6 送审总平面布置图（配电装置安全净距）

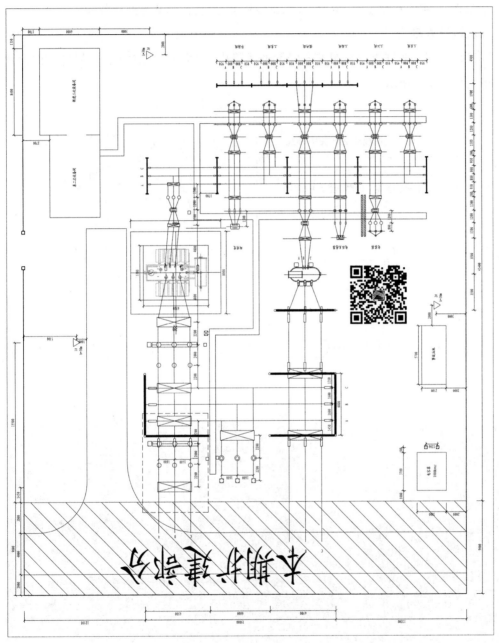

图 2.7 修改后总平面布置图（配电装置安全净距）

2.1.6 电气布置平、断面图未采用土建提供的构(建)筑物平、剖面图

1. 工程概况

某 220 kV 主变扩建工程,本期扩建 220 kV Ⅱ母线,扩建Ⅱ母线设备间隔。

2. 原设计方案

本工程前期主变进线构架端撑入侵本期间隔内(平面图中未体现)。局部平面图及现场情况如图 2.8 所示。

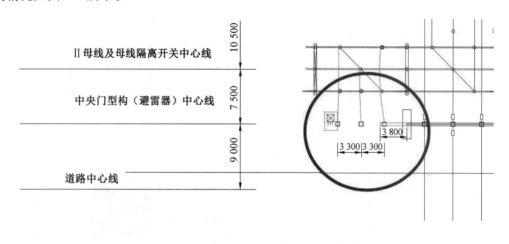

(a) 局部平面图

(b) 现场情况

图 2.8 局部平面图及现场情况(电气装置)

3. 存在的主要问题

(1) 问题描述。

户外电气布置图建(构)筑物均采用简图,未考虑构架实际型式及尺寸,存在未体现的 A 型构架、端撑等;未核实建筑物实际外墙尺寸、未核实避雷针实际尺寸;电缆沟、防火墙、油池等未考虑壁厚,造成相关的距离校验有误或出现无法布置的情况。

户内设备布置图未明确轴线和墙体的关系、未考虑建筑物柱子尺寸,导致运行及检修通道尺寸不满足规程要求,或在设备布置紧凑的屋内配电装置中,未校核户内柱子等突出物的安全净距。

(2) 问题分析。

专业间配合不足。

(3) 隐患及后果。

设计不满足规程规范要求,可能导致方案出现较大调整。

4. 解决方案及预防措施

(1) 解决方案。

拆除 1 号主变联络构端撑,将 1 号主变联络构与 2 号主变联络构间增加横梁,防雷装置进行相应调整。调整后局部平面图如图 2.9 所示。

(2) 预防措施。

电气专业图纸中涉及土建的部分应与土建专业核实一致;户外电气布置平、断面图应采用符合实际的建(构)筑物图形;户内电气布置平、断面图需采用符合实际的建筑平、剖面图,断面图应完整包含各个方向视图。

2.1.7 变电站站内道路不满足消防要求

1. 工程概况

某 66 kV 变电站改造工程中,本期更换两台主变压器,相应 10 kV 侧规模增大,为此拆除原 10 kV 部分,新征地后新建 10 kV 配电装置室。

2. 原设计方案

由于场地受限,变电站本期征地后呈不规则形状。送审总平面布置图如图 2.10 所示。

3. 存在的主要问题

(1) 问题描述。

目前方案未设计消防环道或回车道,不满足规程规范要求。同时 10 kV 母线桥贯穿半个场区,投资较高且浪费面积。

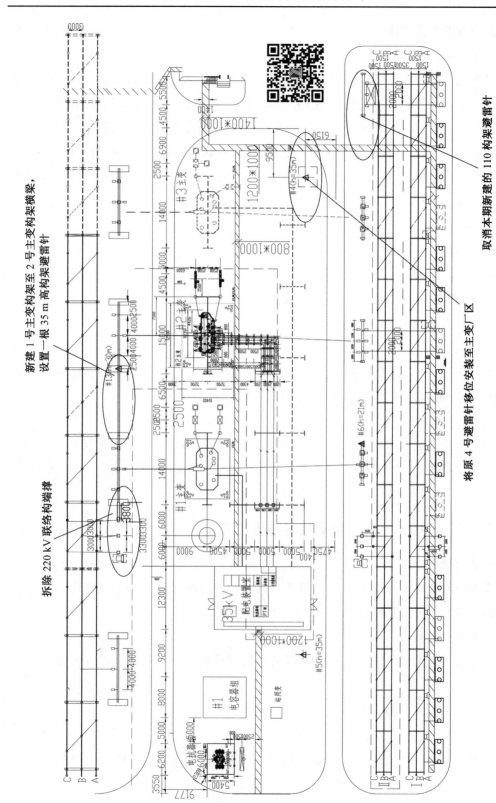

图 2.9 调整后局部平面图（电气布置）

第 2 章 变电专业典型案例分析

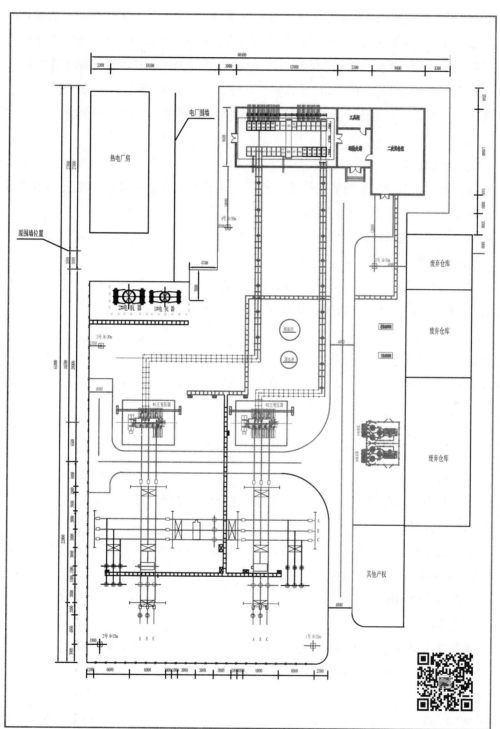

图 2.10 送审总平面布置图（变电站消防车道设置）

(2)依据性文件要求。

根据《高压配电装置设计规范》(DL/T 5352—2018)第5.4.1条规定,配电装置通道的布置应便于设备的操作、搬运、检修和试验,并应符合下列规定,220 kV及以上电压等级屋外配电装置的主干道应设置环形通道和必要的巡视小道,如成环有困难时应具备回车条件。

根据《建筑设计防火规范》(GB 50016—2014)(2018年版)第7.1.9条规定,环形消防车道至少应有两处与其他车道连通;尽头式消防车道应设置回车道或回车场,回车场的面积不应小于12 m×12 m。

(3)隐患及后果。

设计过程中对消防车道的重视程度不足,消防车道宽度及布置均未考虑,导致调整后的总平面不满足消防车道布置的要求。

4. 解决方案及预防措施

(1)解决方案。

通过旋转配电装置室,优化了消防车道,同时缩短了10 kV母线桥长度和电容器电缆长度,总平面布置趋于合理。修改后总平面布置图如图2.11所示。

(2)预防措施。

设计方案按特殊情况进行特殊考虑,方案应符合消防道路的要求。在无法设计消防环道的条件下,站内道路尽头应设"T"形路口或回车道,以满足消防回车条件,优化全站平面布置。

2.1.8 一期单台主变工程站外电源可靠性未进行充分论证

1. 工程概况

某66 kV变电站新建工程,本期建设1台主变,66 kV出线1回,新建2台站用变。

2. 原设计方案

本期安装2台站用变压器,其中1台接于变压器10 kV侧母线,另1台接引自站外电源,电源T接自附近10 kV线路。

3. 存在的主要问题

(1)问题描述。

一期仅建设单台主变的工程,变电站第2台站用变接引自站外电源,采用线路T接方式且缺少10 kV系统图、路径图,外引电源可实施性、可靠性未证实。

(2)依据性文件要求。

根据《35 kV～750 kV变电站站用电设计规范》(Q/GDW 11126—2021)第5.1.3条规定,110(66) kV～220 kV变电站初期为1台主变时,1回工作电源应从主变压器低压侧引接,另1回工作电源从站外可靠电源引接。

第 2 章 变电专业典型案例分析

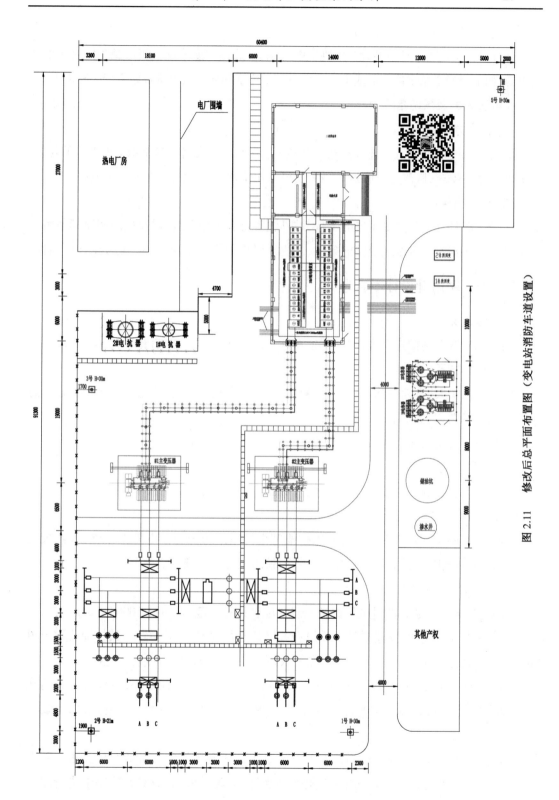

图 2.11 修改后总平面布置图(变电站消防车道设置)

(3)隐患及后果。

部分设计单位对站外电源设计原则理解不深,误选用与变电站上级电源相同来源的外引电源,如上级变电站全停将造成本站主变所带站用变和外引电源所带站用变同时失电。

4. 解决方案及预防措施

(1)解决方案。

对设计深度不足的问题进行补充。经核实,该10 kV线路源自上级220 kV变电站,不满足可靠性需求,修改为从临近66 kV变电站出1回10 kV线路作为外引电源。

(2)预防措施。

针对一期只有1台主变压器的工程,站外电源推荐采用专线,以避免同回路其他负荷影响可靠性。若不具备专线引接的条件,应提供联络线系统图、路径图,充分论证可靠性。

2.1.9 避雷针设计不合理

1. 工程概况

某66 kV变电站扩建工程,本期扩建66 kV出线间隔1个,向南、向东扩建围墙。

2. 原设计方案

由于场区扩大,本期拆除25 m独立避雷针2根,新建30 m独立避雷针3根。送审总平面布置图如图2.12所示。

3. 存在的主要问题

(1)问题描述。

本工程方案中独立避雷针与配电装置或道路出口距离不满足要求,未经校验采用独立避雷针,占地面积较大。

其他工程同类问题包括避雷针采用构架避雷针时未考虑土壤电阻率条件、未经校验采用主变构架避雷针、独立避雷针接地装置与接地网地中距离不满足要求等。

(2)依据性文件要求。

根据《交流电气装置的过电压保护和绝缘配合设计规范》(GB/T 50064—2014):

第5.4.6条规定,独立避雷针不应设在人经常通行的地方,避雷针与其接地装置与道路或出入口的距离不宜小于3 m,否则应采取均压措施或敷设砾石或沥青地面。

第5.4.7条规定,110 kV及以上的配电装置,在土壤电阻率大于1 000 Ω·m的地区,宜装设独立避雷针;66 kV的配电装置,在土壤电阻率大于500 Ω·m的地区,宜装设独立避雷针。

第5.4.8条规定,变压器门型构架上安装避雷针或避雷线应符合的5项要求。结合实际经验,通常情况下不建议采用主变构架避雷针;若确需采用,应对5项要求进行逐一核实并提供技术经济比对。

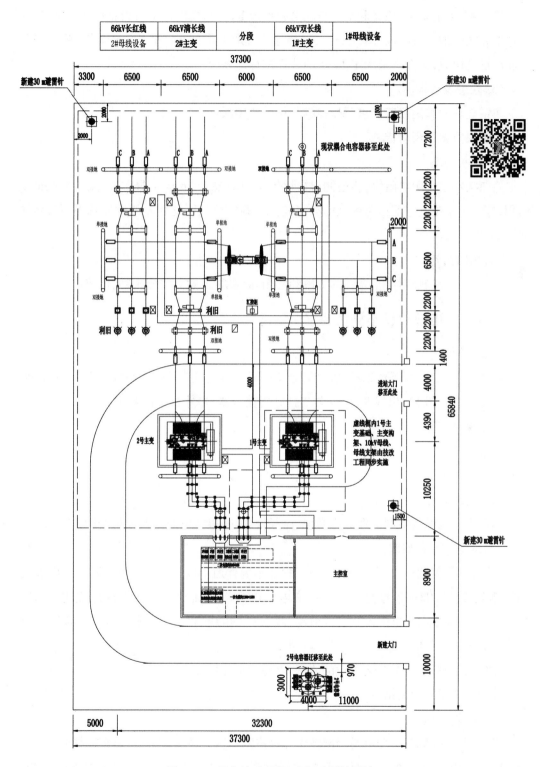

图 2.12　送审总平面布置图(避雷针设计)

第5.4.11条规定,独立避雷针与配电装置带电部分、变电站电气设备接地部分、构架接地部分之间的空气距离不宜小于5 m,接地装置地中距离不宜小于3 m。当受限于条件不能满足此值时,应按本条规定1~4的公式进行计算校验。

(3)隐患及后果。

防雷设计不满足规范要求,材料缺项,相关费用漏计。

4. 解决方案及预防措施

(1)解决方案。

经核实本站土壤电阻率,将南侧避雷针优化为2根25 m构架避雷针,减少南侧征地面积,将位于主控室门前道路区域的独立避雷针调整至站区北侧。修改后总平面布置图如图2.13所示。

(2)预防措施。

设计人员应加强对防雷设计的理解和应用,必要时多做对比分析,优化防雷设计。

2.1.10 电缆敷设不满足要求

1. 工程概况

某110 kV变电站新建工程,本期新建63 MV·A主变压器2台;110 kV出线2回;35 kV出线4回;10 kV出线8回;安装2台站用变压器,户外布置在主变东侧。

2. 原设计方案

送审局部总平面布置图如图2.14所示。

3. 存在的主要问题

(1)问题描述。

高压电力电缆与控制电缆共沟敷设、路径重叠,未核实电缆沟截面是否满足需求。

(2)依据性文件要求。

根据《国网基建部关于发布输变电工程通用设计通用设备应用目录(2021年版)的通知》(基建技术〔2021〕2号)中附件3《变电站电缆沟断面及层间防火设计优化》要求,10 kV及以上高压电力电缆设置专沟敷设,低压动力电缆、控制电缆和光缆可共沟敷设。

(3)隐患及后果。

违反高压、低压电缆分沟敷设的原则,电缆沟存在堵点。

4. 解决方案及预防措施

(1)解决方案。

考虑到110 kV及主变电缆全部经由此处进入二次设备室,站用变电缆同样较多且涉及10 kV电缆,此处设两条并行电缆沟,以满足敷设需要。修改后局部总平面布置图如图2.15所示。

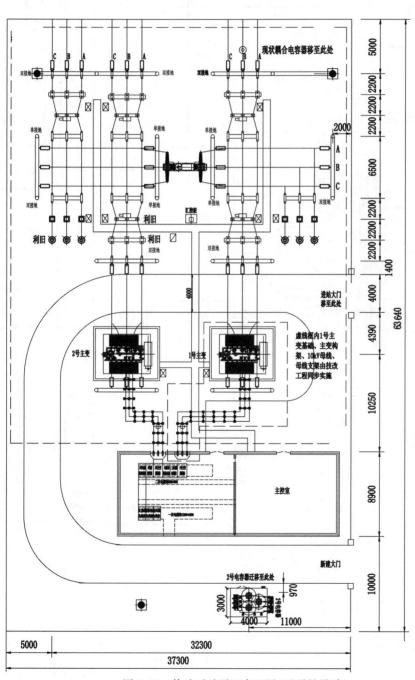

图 2.13 修改后总平面布置图(避雷针设计)

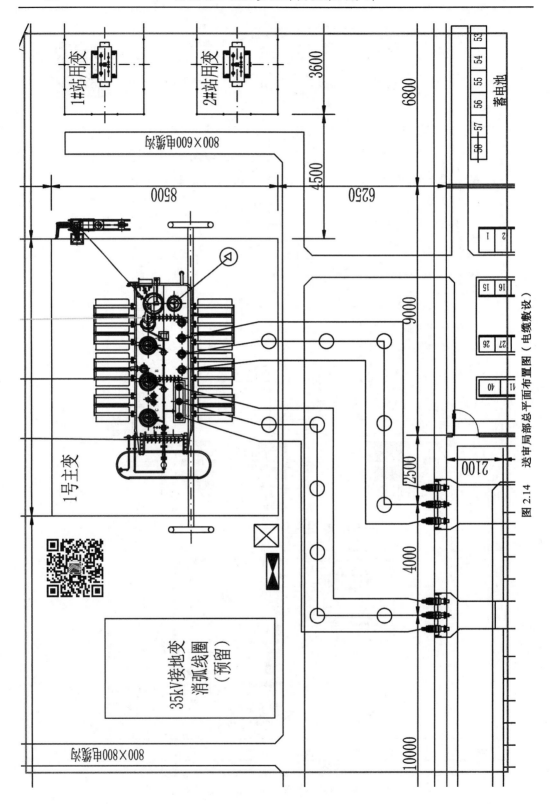

图 2.14 送审局部总平面布置图（电缆敷设）

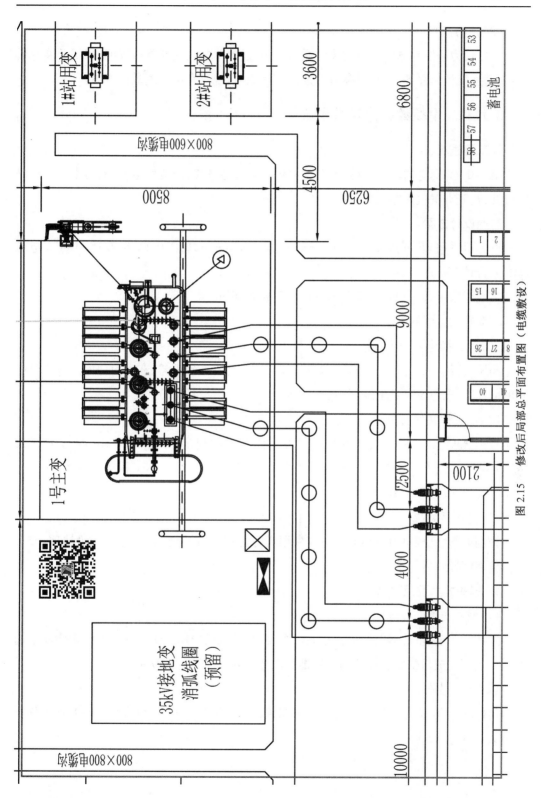

图 2.15 修改后局部总平面布置图（电缆敷设）

(2) 预防措施。

针对较为频发的电缆敷设类设计质量问题,设计单位应提高重视程度,采用开展专项学习、完善设计流程等措施,提高电缆敷设设计能力,规范常见电缆敷设方案。

2.1.11 电缆数量计列不准确

1. 工程概况

某 110 kV 变电站改造工程,本期材料包含电容器电缆,接地变电缆,同时本工程需停电过渡,过渡方案包含电缆材料。

2. 原设计方案

电容器采用 ZC-YJV22-8.7/15-3×240 电缆 400 m,过渡 YJV22-8.7/15-3×400 电缆 180 m,合计 580 m。

接地变采用 ZC-YJV22-8.7/15-3×185 电缆 60 m。

3. 存在的主要问题

(1) 问题描述。

高压、低压电力电缆等材料存在漏列或计列长度不准确现象,在不对停电造成额外影响的前提下,未考虑过渡电缆复用。

(2) 依据性文件要求。

根据《输变电工程施工停电及过渡方案内容深度规定》(Q/GDW 12330—2023)第 4.3 条规定,施工停电及过渡方案应安全可靠、经济合理,满足主体工程建设要求,优先采用永临结合、设备和材料利旧方案。

(3) 隐患及后果。

控制电缆、低压电力电缆等材料应根据实际需求进行计列,避免施工阶段缺项,或盲目预留裕度导致后期结余。

4. 解决方案及预防措施

(1) 解决方案。

经评审确定,电容器电缆可与过渡电缆复用,核减后采用 YJV22-8.7/15-3×300 电缆 200 m,过渡完成后供电容器使用。接地变电缆由 60 m 核减为 30 m。

(2) 预防措施。

高压、低压电力电缆等材料计列应根据敷设路径进行计列,不得盲目照搬其他工程设计方案。

2.2 电气二次专业

2.2.1 电容器保护配置不合理

1. 工程概况

某 220 kV 变电站新建工程,本期安装 2 台 180 MV·A 主变压器,远期 3 台 180 MV·A 主变压器。本期每台主变压器 35 kV 侧各装设 3 组 10 Mvar 并联电容器,远期共安装 8 组 10 Mvar 电容器。电容器组均选用户外框架式电容器装置。

2. 原设计方案

变电一次专业设计人员进行电容器容量及接线方式的选择,电容器组采用多段串并联星形接线。变电二次专业设计人员配置保护装置,电容器保护采用开口三角零序电压保护。图 2.16 所示为多段并联星形接线采用零序差压保护。

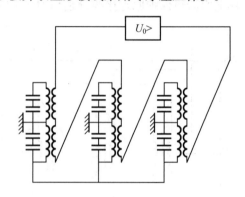

图 2.16 多段并联星形接线采用零序差压保护

3. 存在的主要问题

(1)问题描述。

在工程初设阶段,变电一次专业设计人员进行电容器容量与接线选型,变电二次专业设计人员选用了开口三角零序电压保护的电容器保护装置。

(2)依据性文件要求。

根据《35 kV~220 kV 变电站无功补偿装置设计技术规定》(DL/T 5242—2010)第 9.5.4 规定,并联电容器组内部故障,按照并联电容器组的不同接线方式,分别采用下列类型保护装置:①单星形接线的电容器组可采用开口三角零序电压保护;②多段串并联星形电容器组可采用桥式差电流保护或采用电压差动保护;③双星形接线的电容器组可采用中性点不平衡电流保护。

根据《并联电容器装置设计规范》(GB 50227—2017)第 6.1.2 规定,高压并联电容器组均应设置不平衡保护,不平衡保护应满足可靠性和灵敏度要求,保护方式可根据电容器组接线选取。

(3)隐患及后果。

因两个专业设计人员之间未准确提供资料,电气二次专业设计人员未考虑电容器本体接线方式,将多段串并联星形接线的电容器保护配置为开口三角零序电压保护,导致保护类型与电容器本体一次接线不匹配,造成保护装置误动作或者拒动,对系统安全运行造成危害。

4. 解决方案及预防措施

(1)解决方案。

评审后,根据该工程变电一次专业设计人员对电容器容量与接线方式的选择,电容器保护应调整为电压差动保护。在初设阶段,电气一次专业设计人员应在接线图中明确电容器的具体接线方式,电气二次专业设计人员应确认电容器一次设备选型情况后再配置相应保护,不同类型单星形电容器组保护原理接线分别如图 2.17~2.19 所示。

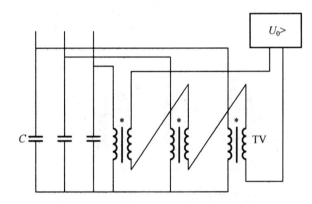

图 2.17 开口三角零序电压保护原理接线

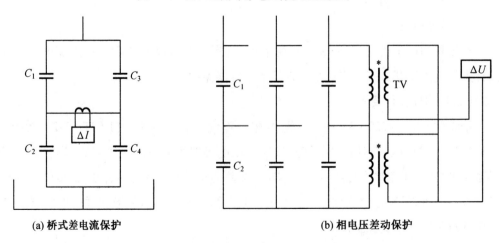

(a) 桥式差电流保护　　　　　　(b) 相电压差动保护

图 2.18 桥式差电流保护及相电压差动保护原理接线

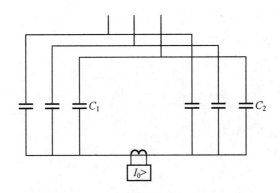

图 2.19 中性点不平衡电流保护原理接线

（2）预防措施。

在工程设计中,应强化专业设计人员间进行资料的管理,促进专业配合。

2.2.2 电流互感器保护级绕组位置布置错误

1. 工程概况

某 220 kV 变电站扩建工程,现有 220 kV 出线 4 回,110 kV 出线 8 回,10 kV 出线 10 回。220 kV 远景及本期均采用双母线接线,采用电气绝缘全封闭组合电器设备。本期扩建 2 回 220 kV 出线间隔。

2. 原设计方案

设计人员将 220 kV 线路电流互感器保护级绕组配置在断路器靠近母线侧,如图 2.20 所示。

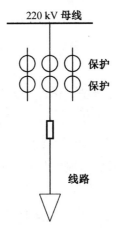

图 2.20 220 kV 线路电流互感器保护级绕组配置示意图

3. 存在的主要问题

（1）问题描述。

如图 2.20 所示线路电流互感器保护级绕组配置方案,其保护范围示意图如图 2.21 所示,当 F2 点发生短路故障时,母线保护属于主保护死区;线路保护属于区内故障,保护动作跳本间隔线路断路器,但故障电流仍然存在,失灵保护经延时动作,跳开连接在该段母线上的所有断路器,故障方能切除。

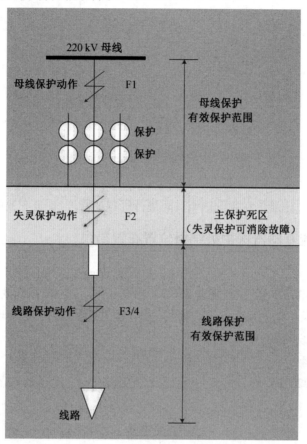

图 2.21　220 kV 线路电流互感器保护级绕组保护范围示意图

(2)依据性文件要求。

根据《电流互感器全过程技术监督精益化管理实施细则(2020 版)》(工程设计阶段)第 2.3.1 条规定中第 2 条,保护用电流互感器的配置应避免出现主保护的死区。

根据《火力发电厂、变电站二次接线设计技术规程》(DL/T 5136—2012)第 5.4.2 条规定,保护用电流互感器的配置应避免出现主保护的死区。

(3)隐患及后果。

当 F2 点发生短路故障,即母线发生短路故障时,失灵保护存在延时,该故障影响系统稳定及设备安全。

4. 解决方案及预防措施

(1)解决方案。

调整该变电站电流互感器配置方案,将电流互感器保护级绕组布置在断路器和出线刀闸之间,如图 2.22 所示。

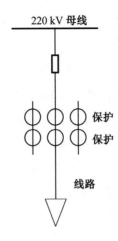

图 2.22　调整后保护 CT 配置示意图

(2)预防措施。

采用双母线(单母线)接线方式时,宜将保护 CT 绕组布置在断路器和线路刀闸之间。

2.2.3　站内二次设备现状核实不准确

1. 工程概况

某 220 kV 变电站扩建工程,现有 220 kV 出线 2 回,110 kV 出线 6 回,10 kV 出线 12 回,220 kV 现状为单母线接线,远期采用双母线接线。本期扩建 2 回 220 kV 出线间隔,220 kV 主接线改为双母线接线。

2. 原设计方案

设计方案中未对现有 220 kV 母差保护、220 kV 故障录波等装置的运行年限、运行状况及接口数量进行核实,未对站内其他公用设备(对时、交换机、交直流系统、辅助控制系统、状态监测等)预留接口进行核实。

3. 存在的主要问题

(1)问题描述。

设计人员在工程前期收集站内资料不完整,未对已有站内公用设备的预留接口数量及类型进行校核,导致后续施工图阶段发现站内公用设备不满足扩建及改造工程接入需求。

(2)依据性文件要求。

根据《变电工程初步设计内容深度规定》(DL/T 5452—2012)第 5.1.1 条规定,提供相关电网主网架与变电站相关联的系统继电保护及安全自动装置配置现状。

根据《国家电网有限公司输变电工程初步设计内容深度规定 第 9 部分:330 kV~750 kV 智能变电站》(Q/GDW 10166.9—2017)第 7.1.2 条规定,概述与本工程有关的系统继电保护现状,包括配置、通道使用情况、运行情况,并对存在的问题进行分析。

根据《国家电网有限公司输变电工程初步设计内容深度规定 第8部分：220 kV 智能变电站》（Q/GDW 10166.8—2017）第7.1.2 条规定，概述与本工程有关的系统继电保护现状，包括配置、通道使用情况、运行情况，并对存在的问题进行分析。

根据《国家电网有限公司输变电工程初步设计内容深度规定 第2部分：110(66) kV 智能变电站》（Q/GDW 10166.2—2017）第7.1.2 条规定，概述与本工程有关的系统继电保护现状，包括配置、通道使用情况、运行情况，并对存在的问题进行分析。

（3）隐患及后果。

影响工程整体造价及工程后续施工进度。

4. 解决方案及预防措施

（1）解决方案。

在初步设计阶段，应核查站内现有公用设备的预留接口数量及类型是否满足改扩建工程的需求。新建工程公用设备宜按终期规模预留接口。

（2）预防措施。

设计单位应强化对工程前期资料的收集工作。

2.2.4 备自投装置配置方案与调度运行方式不匹配，不满足调度运行方式要求

1. 工程概况

某 220 kV 变电站新建工程，本期安装 1 台 180 MV·A 主变压器，远期 3 台 180 MV·A 主变压器，220 kV 侧本期 4 回出线，110 kV 侧本期 8 回出线（其中 1 回为 220 kV 变电站间联络线），10 kV 侧本期 12 回出线。某 220 kV 变电站主接线示意图如图 2.23 所示。

2. 原设计方案

本工程变电站内未配置备用电源自动投入装置。

3. 存在的主要问题

（1）问题描述。

该 220 kV 变电站本期为单台主变压器运行，当主变压器发生故障时，4 回 110 kV 及 6 回 10 kV 出线负荷无法转移。为保障供电可靠性，调度部门对 220 kV 变电站，单台主变压器提出安装备用电源自动投入装置的要求。110 kV 系统进线备用电源自动投入功能要求如下：在正常运行状态下，110 kV 出线 1（此为电源线路，即图中的线路 1）的 QF2 断路器处于断开状态，当主变压器 220 kV 侧的 QF1 断路器因故断开，备用电源自动投入装置检测满足备用电源自动投入条件（110 kV 出线 1 线路有电压，110 kV 母线无电压，且主变压器保护、110 kV 母线保护等无闭锁备用电源自动投入信号）时，将自动合上 110 kV 出线 1 的 QF2 断路器，保证该变电站的 10 kV 负荷供电。

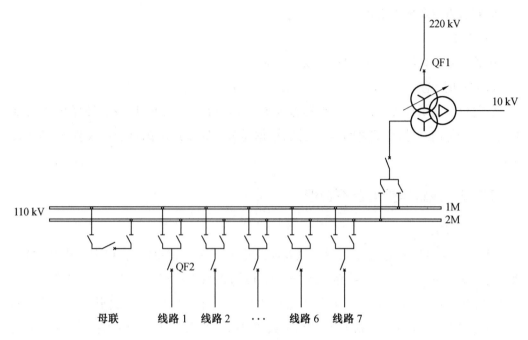

图 2.23 某 220 kV 变电站主接线示意图

设计人员未综合考虑调度运行方式要求,存在对有源线路、主变进线等备用电源自动投入装置漏配的情况,不满足调度运行方式要求。

(2)依据性文件要求。

根据《继电保护和安全自动装置技术规程》(GB/T 14285—2023)对于应装设备用电源自动投入装置的场合进行了规定:①具有备用电源的发电厂厂用电源和变电站站用电源;②由两个及以上电源供电,其中至少一个电源经常断开作为备用的电源;③降压变电站内有备用变压器或有互为备用的电源;④发电厂内有备用机组的某些重要辅机。

根据《电力装置的继电保护和自动装置设计规范》(GB/T 50062—2008)对于装设备用电源自动投入装置的场合进行了规定:①由双电源供电的变电站和配电站,其中一个电源经常断开作为备用;②发电厂、变电站内有备用变压器;③接有Ⅰ类负荷的由双电源供电的母线段;④含有Ⅰ类负荷的由双电源供电的成套装置;⑤某些重要机械的备用设备。

根据《35~750 kV 输变电工程设计质量控制"一单一册"(2019 年版)》(基建技术〔2019〕20 号)中常见病目录 2-2 规定,备用电源自动投入装置配置方案应与调度运行方式匹配。

(3)隐患及后果。

当主变压器故障时,站内部分重要负荷无法及时转移,影响供电可靠性。

4. 解决方案及预防措施

(1)解决方案。

配置 1 套 110 kV 备用电源自动投入装置。

(2)预防措施。

针对仅投运单条线路、单台主变压器具备重要负荷工程,在可研及初设阶段应充分征求调度运行部门意见,考虑电网运行方式,根据需求配置备用电源自动投入装置,防止设计漏项。

2.2.5 线路保护配合不合理

1. 工程概况

某新建 110 kV 输变电工程,该区域新能源并网较多,新建变电站(以下简称 D 站)接入系统方案为将 A 站至 B 站线路开断"π"入 D 站,将原 A 站至 C 站 110 kV 线路 C 站侧改"T"接至 A 站至 D 站线路上,同时新建 A 站至 C 站 110 kV 线路;最终形成 A 站至 C 站 1 回 110 kV 线路,B 站至 D 站 1 回 110 kV 线路,D 站"T"接至 A 站至 C 站 1 回 110 kV 线路。其中,A 站、B 站、D 站为 110 kV 变电站,C 站为 220 kV 变电站。

D 站 110 kV 本期、远期均为单母线分段接线,远期 4 回出线,本期 2 回出线。D 站接入前后系统接线示意图如图 2.24 所示。

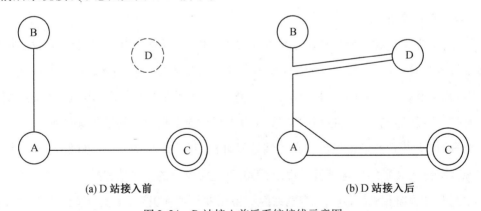

图 2.24 D 站接入前后系统接线示意图

2. 原设计方案

D 站侧本期 110 kV 线路保护配置方案为:D 站至 A 站 110 kV 出线间隔配置 1 套微机距离保护测控装置,D 站至 B 站 110 kV 出线间隔不配置线路保护。

A 站、B 站、C 站侧保护配置不变。

3. 存在的主要问题

(1)问题描述。

原 A 站至 C 站、A 站至 B 站 2 回 110 kV 线路两侧均已配置 1 套 NSR-304DAX 型光纤电流差动保护装置。该工程 D 站直接按照 110 kV 负荷变电站设计,至 A 站配置 1 套微机距离保护,至 B 站未配置线路保护。

(2)依据性文件要求。

根据《继电保护全过程技术监督精益化管理实施细则(2020 版)》(规划可研阶段)第 1.1.6 条规定,110(66) kV 线路,根据系统要求需要快速切除故障及采用全线速动保护后,能够改善整个电网保护的性能时,应配置一套纵联保护,优先选用纵联电流差动保护。

根据《继电保护和安全自动装置技术规程》(GB/T 14285—2023)第 5.4.3.4 条规定,符合下列条件之一时,至少应配置一套纵联保护:①根据电力系统稳定要求需要快速切除故障时;②线路发生三相短路故障,使发电厂厂用母线电压低于允许值(一般为额定电压的 60%),且其他保护不能无时限和有选择性地切除短路故障时;③采用纵联保护后,不仅可改善本线路保护性能,而且能够改善所在电网的保护的整体性能时。

(3)隐患及后果。

因为工程所在地区存在较大容量光伏、风电等新能源并网,地区系统稳定性问题突出,如忽略该因素而单纯按照负荷变电站设计配置距离保护或不配置保护,将影响电网安全稳定运行。

4. 解决方案及预防措施

(1)解决方案。

本期在 D 站侧至 B 站的线路间隔配置 1 套光纤电流差动保护测控一体化装置,与 B 站侧原保护配合使用;D 站"T"接于 A 站至 C 站的 1 回 110 kV 线路各侧分别配置 1 套三端光纤差动保护测控一体化装置;本期新建 C 站至 A 站的 1 回 110 kV 线路两侧均配置的 1 套光纤电流差动保护测控一体化装置,利用原有 A 站至 C 站的线路保护。

(2)预防措施。

在工程设计时应对现有线路保护配置情况及运行状况进行详细勘察,充分关注电网运行方式及周边电源接入情况,制订合理的保护配置方案。

2.2.6 线路两端保护选型不匹配,保护通道选择不合理

1. 工程概况

某 220 kV 输变电工程,新建变电站(以下简称 D 站)220 kV 侧接入系统方案为将 A 站至 B 站线路开断"π"入 D 站,同时新建 C 站至 D 站的 2 回 220 kV 线路;最终形成 A 站至 D 站 1 回 220 kV 线路,B 站至 D 站 1 回 220 kV 线路,C 站至 D 站 2 回 220 kV 线路。D 站接入前后系统接线示意图如图 2.25 所示。

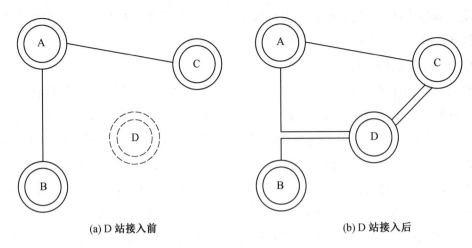

(a) D站接入前　　　　　　　　　(b) D站接入后

图2.25　D站接入前后系统接线示意图

2. 原设计方案

D站侧本期220 kV线路保护配置方案为：A站至D站、B站至D站的每回220 kV出线间隔均配置2套微机光纤电流差动保护装置，每套保护双通道均采用专用光纤芯通道；C站至D站的每回220 kV出线间隔均配置2套微机光纤电流差动保护装置，每套保护双通道分别采用不同路由的专用光纤芯和复用2 Mbit/s光纤通道。

A站、B站保护配置不变，C站本期配置的线路保护及通道类型与D站保持一致。

3. 存在的主要问题

(1) 问题描述。

A站至B站原有线路保护装置已运行10年，本期将A站至B站线路开断"π"入D站后，A站、B站原有保护装置版本无法与D站新配置保护装置配合。线路开断处新建线路长度为25 km，A站至D站线路全长65 km，B站至D站线路全长30 km。设计人员以开断处新建线路长度作为新建线路全长配置保护通道，导致通道配置有误。

(2) 依据性文件要求。

根据《国家电网有限公司输变电工程初步设计内容深度规定 第8部分：220 kV智能变电站》(Q/GDW 10166.8—2017)第7.1.3条规定，对于线路改接(或π接)，当对侧保护需要调整时，应提出相应的保护设备配置或改造方案。应分析本站与对侧变电站保护的适应性。

根据《继电保护和安全自动装置技术规程》(GB/T 14285—2023)第8.9.2.2条规定，对于50 km及以下短线路，当纤芯资源允许时，线路纵联保护可使用专用光纤芯，采用2 Mbit/s数字接口专用通道；对于中长线路，宜采用2 Mbit/s数字接口复用通道。

(3) 隐患及后果。

对于线路改接(或π接)，未明确两端线路保护是否需要更换或未明确更换原因，未核实线路两端保护版本(或核实有误),将导致保护升级、配置方案不正确,或改造升级费用计列不准确。线路保护采用光纤差动保护时,未考虑整体线路长度(或将新建线路长度与整体线路长度混淆),将导致光信号长距离传输时衰减。

4. 解决方案及预防措施

(1)解决方案。

更换 A 站、B 站原有 220 kV 线路保护装置,满足分别与 D 站本期新增保护装置相适应的要求;核实本期 A 站至 D 站、B 站至 D 站线路全长,将 A 站至 D 站每套保护双通道修改为分别采用不同路由的复用 2 Mbit/s 光纤通道。

(2)预防措施。

对于线路改接(或 π 接),明确对侧是否应更换或新设保护装置,并确定合理的保护改造或更换方案。明确整条线路长度,按照相应技术规范的要求,选配满足保护光纤通道传输要求的保护装置和通信方式。

2.2.7 材料计列不准确,影响工程造价的准确性

1. 工程概况

某 66 kV 变电站 1 号主变扩建工程,现有 2 号主变压器,本期扩建 1 号主变压器。66 kV 侧现为 1 线 1 变,本期 2 线 2 变,主接线由线变组改为内桥接线。10 kV 侧现为 6 线 1 变,本期 14 线 2 变,主接线由单母线改为单母分段接线。

2. 原设计方案

控制电缆、低压电力电缆、光缆等材料漏列或计列长度不准确。

3. 存在的主要问题

(1)问题描述。

设计人员在初设阶段未结合本期主接线改造形式合理考虑各类线缆的敷设量,造成控制电缆、低压电力电缆、光缆等材料存在漏列或计列长度不准确现象。

(2)隐患及后果。

控制电缆、低压电力电缆等材料未根据实际需求计列,容易造成施工阶段材料缺项;盲目扩大控制电缆、低压电力电缆等材料预留裕度,容易导致后期结余量偏大,影响工程结算质效。

4. 解决方案及预防措施

(1)解决方案。

初设阶段应重新复核站内配电装置场区预留电缆沟道及过道管布置位置,结合本期工程实际规模计列控制电缆、低压电力电缆、光缆等材料。

(2)预防措施。

控制电缆、低压电力电缆、光缆等材料计列应根据变电站前期工程资料(如电缆清册)及本期规划敷设路径进行估算;新建变电站可参考相似规模工程,但不能照搬套用。

2.2.8 缺少变电站自动化系统方案配置图、缺少主变压器保护配置图

1. 工程概况

某 66 kV 变电站增容改造工程,现有 2 台 20 MV·A 主变压器,本期 2 台主变压器均由 20 MV·A 增容至 31.5 MV·A。66 kV 维持 2 线 2 变不变,主接线由内桥接线改为单母线分段接线;10 kV 现为 9 线 2 变,本期 11 线 2 变,主接线维持单母线分段接线不变。本期工程对该变电站整站二次设备进行综合自动化改造。

2. 原设计方案

未提供变电站自动化系统方案配置图、主变压器保护配置图。

3. 存在的主要问题

(1)问题描述。

变电站现有综合自动化系统投产至今已有 16 年,计划于本期工程同期更换。站内主变保护装置运行状况不佳,本期工程对站内现运行的主变压器保护装置进行同期更换。

根据本期工程建设规模,设计人员未按照《国家电网有限公司输变电工程初步设计内容深度规定》要求,提供变电站自动化系统方案配置图及主变压器保护配置图。

(2)依据性文件要求。

根据《变电工程初步设计内容深度规定》(DL/T 5452—2012)第 5.9.1 条规定,系统及电气二次部分图纸目次见表 5.9.1(详见规定);第 5.9.2 条规定,图纸深度要求中第 9 条,计算机监控系统方案配置图应表明计算机监控系统之站控层各工作站、远动通信网关、间隔层测控单元、网络连接的结构示意图,与保护等其他外部系统的接口,打印机、显示器等设备的配置,以及第 10 条,主变压器保护配置图应表明保护配置原理及主要保护方式,主要设备名称、电流互感器接线方式等。

根据《国家电网有限公司输变电工程初步设计内容深度规定 第 9 部分:330~750 kV 智能变电站》(Q/GDW 10166.9—2017)第 7.9.1 条规定,二次部分图纸目次(详见规定);第 7.9.2 条规定,图纸深度要求中第 2 条,变电站自动化系统方案配置图应表明变电站自动化系统的站控层设备(含监控主机、通信网关机等)、间隔层设备(含保护装置、测控装置、安全自动装置等)、过程层设备(含合并单元、智能终端)和设备之间网络连接的结构示意图,与保护、监控、电能量等其他外部系统的接口及二次安全防护设备,与一次设备状态监测、智能辅助控制等站内其他系统的接口及二次安全防护设备,打印机、显示器等设备的配置,以及第 5 条,元件保护配置图应表明元件保护配置原理及主要保护方式,电流互感器接线方式等。

根据《国家电网有限公司输变电工程初步设计内容深度规定 第 8 部分:220 kV 智能变电站》(Q/GDW 10166.8—2017)第 7.9.1 条规定,二次部分图纸目次(详见规定);第 7.9.2 条规定,图纸深度要求中第 2 条,变电站自动化系统方案配置图应表明变电站自动化系统的站控层设备(含监控主机、通信网关机等)、间隔层设备(含保护装置、测控装置、安全自动装置等)、过程层设备(含合并单元、智能终端)和设备之间网络连接的结构示意图,与保护、监控、电能量等其他外部系统的接口及二次安全防护设备,与一次设备状态监测、智能辅助控制等站内其他系统的接口及二次安全防护设备,打印机、显示器等设备的配置,以及第 5 条,元件保护配置图应表明元件保护配置原理及主要保护方式,电流互感器接线方式等。

根据《国家电网有限公司输变电工程初步设计内容深度规定 第 2 部分:110(66) kV 智能变电站》(Q/GDW 10166.2—2017)第 7.9.1 条规定,二次部分图纸目次(详见规定);第 7.9.2 条规定,图纸深度要求中第 2 条,变电站自动化系统方案配置图应表明变电站自动化系统的站控层设备(含监控主机、通信网关机等)、间隔层设备(含保护装置、测控装置、安全自动装置等)、过程层设备(含合并单元、智能终端)和设备之间网络连接的结构示意图,与保护、监控、电能量等其他外部系统的接口及二次安全防护设备,与一次设备状态监测、智能辅助控制等站内其他系统的接口及二次安全防护设备,打印机、显示器等设备的配置,以及第 5 条,元件保护配置图应表明元件保护配置原理及主要保护方式,电流互感器接线方式等。

(3)隐患及后果。

对于变电站改扩建工程,缺少变电站自动化系统方案配置图将无法知晓变电站内现有自动化系统的配置原则,无法明确本期改扩建变电站自动化系统的配置方案。

对于变电站改扩建工程,缺少主变压器保护配置图将无法判断本期主变保护及 CT 准确级配置的合理性。

4. 解决方案及预防措施

(1)解决方案。

按照初步设计深度,补充变电站自动化系统方案配置图及主变压器保护配置图。

(2)预防措施。

设计人员应按照工程规模,正确提交相关图纸,按《国家电网有限公司输变电工程初步设计内容深度规定》的要求执行。

2.3 土建、水工及消防专业

2.3.1 新建变电站竖向设计不满足防洪、防内涝要求,支撑性材料缺失

1. 工程概况

某 110 kV 新建变电站工程,站址东西 53 m,南北 74.5 m。站区围墙内占地面积

0.394 85 公顷,新建围墙 255 m,需征占建设用地约 0.463 65 公顷。土地性质为非基本农田,地面附着物为草原。

2. 原设计方案

本工程采用《国家电网有限公司 35～750 kV 输变电工程通用设计、通用设备应用目录(2023 版)》中 110-B-2 方案进行布置。110 kV 配电装置位于站区西侧,35/10 kV 配电装置采用户内布置方式,位于站区东侧,两台主变布置于站区中心位置,警卫室布置在南侧主入口处,电容器区域布置在北侧,事故储油池布置在站区西南角。场地设计标高为 148.0 m。

3. 存在的主要问题

(1)问题描述。

变电站初步设计审核阶段已提供水文气象报告,但报告中未对洪水位、内涝水位进行具体描述,有失准确性。站址设计标高的确定缺少 1%(2%)一遇洪水位及内涝水位相关支撑性文件。水文气象报告中结论及建议如图 2.26 所示。

结论与建议

某 110 kV 输变电工程站址位于黑龙江省××内,站址位于××屯东南约 3 km 处,站地区域地势平坦,自然地面高程介于 153.2～153.8 m,附近没有河流、冲沟、水库,不受外部洪水影响。结合现场内涝调查情况及高程联测,建议本工程站址处百年一遇内涝水位 154.2 m。

××气象站位于××镇西门外,距站址约 24 km,气象站与工程所在区域距离较近,地形地貌较为一致,属同一气候区,可用具备代表性的××气象站作为参考站,采用该站的气象资料作为站址气象条件的设计依据。

经综合分析,建议站址区域 50 年一遇 10 m 高 10 min 平均最大风速采用 28.3 m/s。××气象站冬季主导风向为 NW,夏季主导风向为 SSW,全年主导风向为 SSW。

××近年未出现酸雨现象。××市生态环境局环境监测站采集降水样品分析酸雨率为零,降水属于中性偏弱碱性。

本报告可满足本工程初步设计阶段的设计要求。

图 2.26 水文气象报告中结论及建议

(2)依据性文件要求。

根据《国家电网有限公司输变电工程初步设计内容深度规定 第 2 部分:110(66) kV 智能变电站》(Q/GDW 10166.2—2017)第 8.1.1 条规定,水文气象报告中应说明站址频率为 1%(2%)的高水(潮)位或历史最高内涝水位。

(3)隐患及后果。

导致变电站竖向设计整体深度不足,变电站易遭受洪涝影响,存在安全隐患。

4. 解决方案及预防措施

(1)解决方案。

设计单位对水文气象报告中1%(2%)一遇洪水位及内涝水位重新进行勘察并明确具体数值,再进行变电站竖向设计,保证站址竖向设计不受洪水及内涝水位的影响。

(2)预防措施。

设计单位应充分掌握初步设计内容深度规定,设计过程中应严格执行初设内容深度规定,设计支撑性文件应完整,设计方案应根据相关报告及场地变化进行整体考虑。

2.3.2 变电站站内道路设计不满足消防要求

1. 工程概况

某66 kV变电站1号主变增容工程,在原有变电站内进行扩建,无须征地。

2. 原设计方案

本期新建1号主变基础、设备支架及基础等,站内道路设计未考虑新建工程量。

3. 存在的主要问题

(1)问题描述。

在进行变电站初步设计审核时,发现变电站总平面布置未设计消防环道或回车道,不满足规程规范要求。送审土建总平面局部示意图如图2.27所示。

(2)依据性文件要求。

根据《国家电网有限公司输变电工程初步设计内容深度规定 第2部分:110(66) kV 智能变电站》(Q/GDW 10166.2—2017)第10.5.1条规定,站区总平面布置应包含防火间距和消防通道的设置。

根据《高压配电装置设计规范》(DL/T 5352—2018)第5.4.1条规定,配电装置通道的布置应便于设备的操作、搬运、检修和试验,并应符合下列规定:220 kV及以上电压等级屋外配电装置的主干道应设置环形通道和必要的巡视小道,如成环有困难时应具备回车条件。

根据《建筑设计防火规范》(GB 50016—2014)(2018年版)第7.1.9条规定,环形消防车道至少应有两处与其他车道连通;尽头式消防车道应设置回车道或回车场,回车场的面积不应小于12 m×12 m。

(3)隐患及后果。

给变电站内设备的搬运、检修带来不便,同时消防也存在较大的安全风险。

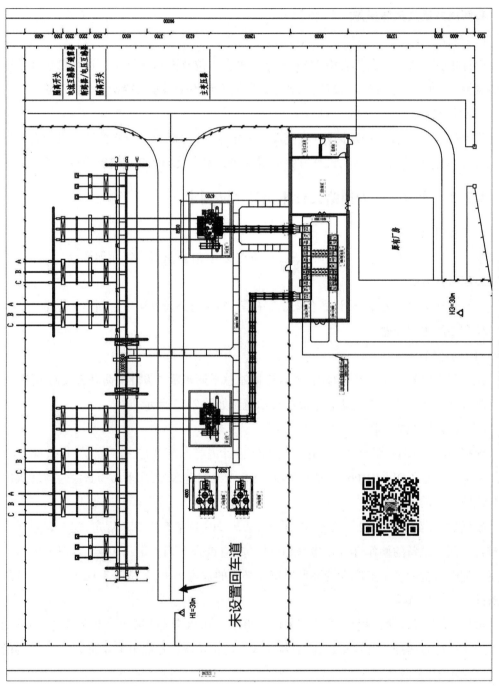

图 2.27 送审土建总平面局部示意图

4. 解决方案及预防措施

(1)解决方案。

采用"T"形回车道,以满足消防规范要求。

(2)预防措施。

设计方案应严格执行通用设计方案中的平面布置方式,若有需要可以进行微调,但要考虑消防设计的要求。在无法设计消防环道的条件下,站内道路尽头应设"T"形路口或回车道,以满足消防回车条件,优化全站平面布置。

2.3.3 事故储油池容量不满足主变压器油量要求

1. 工程概况

某 66 kV 变电站 2 号主变增容工程,在 2 号主变原有位置进行增容,无须征地。

2. 原设计方案

本期新建 2 号主变压器基础,原有事故储油池拆除并新建。

3. 存在的主要问题

(1)问题描述。

在初步设计审核时,发现设计单位未对原有事故储油池进行收资,设计文件中未体现原有事故储油池的容积等相关参数,没有考虑原有事故储油池储油量是否满足新增主变油量要求,是否按照最新规范要求的 100% 储油量进行设计,就进行拆除并新建处理,导致设计深度严重不足。

(2)依据性文件要求。

根据《火力发电厂与变电站设计防火标准》(GB 50229—2019)第 6.7.8 条规定,总事故储油池的容量应按其接入的油量最大的一台设备确定,并设置油水分离装置。

根据《高压配电装置设计规范》(DL/T 5352—2018)第 5.5.4 条规定,当设置有总事故储油池时,其容量宜按其接入的油量最大的一台设备的全部油量确定。

(3)隐患及后果。

一期建设的事故储油池有效容积不满足规范要求,当主变压器发生漏油事故时,事故油有漏至站区排水管网的风险。

4. 解决方案及预防措施

(1)解决方案。

设计单位重新收资后,发现原有事故储油池容积不满足现行规范要求,对设计方案进行补充,拆除重建现有事故储油池,并满足距周边建(构)筑物的防火距离要求。

(2)预防措施。

更新后的《火力发电厂与变电站设计防火标准》(GB 50229—2019)和《高压配电装置设计规范》(DL/T 5352—2018)增加了对事故储油池的容量要求,事故储油池容量按最大主变压器油量确定后,应按其油量重新计算,并与原有事故储油池进行对比分析,若不满足规范要求应一同进行处理。

2.3.4 地基处理方案不满足承载力和变形要求

1. 工程概况

某 110 kV 新建变电站工程,征地区域南北为 55 m,东西为 82.1 m,进站道路需征地 210 m^2,总征地面积为 4 726 m^2。

2. 原设计方案

变电站入口设在站区西侧,电子设备间及 10 kV 配电装置室布置在站区的北侧,110 kV 室外配电装置布置在站区的南侧,站区中央设置主变场地及道路。

3. 存在的主要问题

(1)问题描述。

在进行变电站初步设计审核时,发现站区地质条件较差,地基承载力不足,全站建(构)筑物采用地基处理,主要建筑物采用桩基础,其他构筑物采用级配砂石换填处理。根据地质勘察报告和相关规范,其他构筑物地基采用换填处理是不合适的。送审地质勘察报告相关描述如图 2.28 所示。

> (4)根据该站址地勘报告,②层软塑粉质黏地基承载力 105 kPa,承载力较低,变形较大,不适宜作为建(构)筑物的天然地基持力层,以③层细砂作为持力层则换填量较大,本工程采用桩基方案,桩的类型为泥浆护壁钻(冲)孔桩,以⑥层及其亚层地基土作为桩端持力层。

图 2.28 送审地质勘察报告相关描述

(2)依据性文件要求。

根据《电力工程地基处理技术规程》(DL/T 5024—2020)第 3.0.3 条规定,地基处理方案的选择,应根据工程场地岩土条件、建筑物的安全等级、结构类型、荷载大小、上部结构和地基基础的共同作用,以及当地地基处理经验和施工条件、建筑物使用过程中岩土环境条件的变化,经技术经济比较后,在技术可靠、满足工程设计和施工进度的要求下,选用地基处理方案或加强上部结构与地基处理相结合的方案。采用的地基处理方法应符合环境保护的要求:避免因地基处理而污染地表水和地下水;避免由于地基土的变形而损坏邻近建(构)筑物;防止振动噪声及飞灰对周围环境的不良影响。

(3)隐患及后果。

地基处理方案不满足承载力和变形要求,极易引起建(构)筑物的倾斜下沉甚至发生倒塌,严重威胁着变电站的平稳运行,对人员生命安全造成危害。

4. 解决方案及预防措施

(1) 解决方案。

根据场地地质勘察报告,其他构筑物地基采用水泥搅拌桩处理,安全可靠。

(2) 预防措施。

设计人员应根据场地地质勘察报告,综合考虑工程地质条件、建筑物安全等级、结构类型、荷载大小、上部结构和地基基础的共同作用,结合当地地基处理经验与施工条件,在满足工程设计和施工进度的要求下,选用合适的地基处理方案。

2.3.5 边坡方案未充分考虑站区用地

1. 工程概况

某 110 kV 新建变电站工程,站址位于山区,地形起伏较大,站址区域东西为 80 m,南北为 55.5 m。站区围墙内占地面积为 0.318 5 公顷,新建围墙为 231 m,需征占建设用地约 0.664 9 公顷,土地性质为非基本农田。

2. 原设计方案

本工程采用《国家电网有限公司 35~750 kV 输变电工程通用设计、通用设备应用目录(2023 版)》中 110-A3-4 方案进行布置。110 kV 线路主要向南出线,35 kV 主要向南、西出线。总平面布置由北向南依次为配电装置楼、主变压器场地。站址自然标高为 156.70~159.34 m,站内场地设计标高为 159.48 m。送审站址位置图如图 2.29 所示。

3. 存在的主要问题

(1) 问题描述。

在进行变电站初步设计审核时,发现站址东侧与南侧围墙外征地面积过大,占用原有耕地、林地等,不仅对自然资源造成浪费,也给周边环境带来了巨大破坏。

(2) 依据性文件要求。

根据《国家电网有限公司输变电工程初步设计内容深度规定 第 2 部分:110(66) kV 智能变电站》(Q/GDW 10166.2—2017)第 8.1.3 条规定,说明站区的边坡(挡土墙、护坡)设计方案和工程量。

根据《变电站总布置设计技术规程》(DL/T 5056—2007)第 4.0.1 条规定,对山区等特殊地形地貌的变电站,其总体规划应考虑地形、山体稳定、洪水及内涝的影响。在有山洪及内涝影响的地区建站,宜充分利用当地现有的防洪、防涝设施。

根据《变电站总布置设计技术规程》(DL/T 5056—2007)第 6.1.3 条规定,站区竖向设计应合理利用自然地形,根据工艺要求、站区总平面布置格局、交通运输、雨水排放方向及排水点、土(石)方平衡等综合考虑,因地制宜确定竖向布置形式,尽量减少边坡用地、场地平整土(石)方量、挡土墙及护坡等工程量,并使场地排水路径短而顺畅。

(3) 隐患及后果。

浪费较多的森林资源,对周边环境造成破坏,不符合国家电网有限公司电网建设的"资源节约型、环境友好型"的要求。

· 54 · 输变电工程初步设计典型案例分析

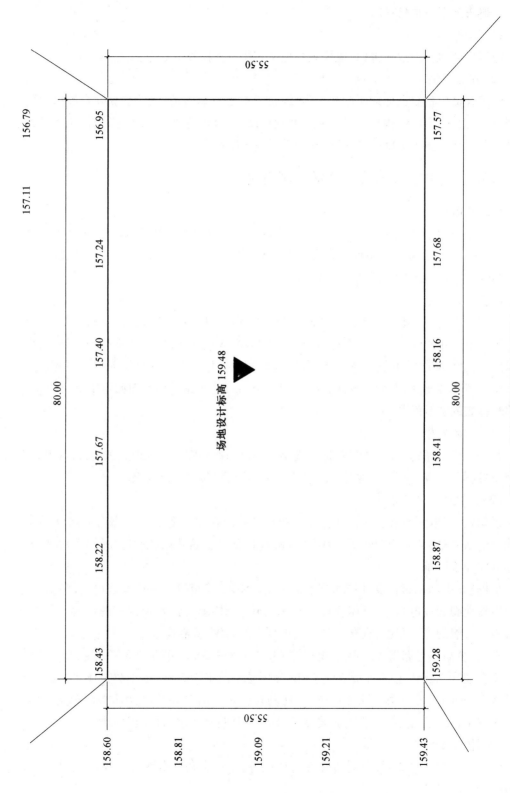

图 2.29 边坡方案送审站址位置图 (m)

4. 解决方案及预防措施

(1) 解决方案。

充分利用自然地形对边坡方案进行优化,调整了放坡率,采用分级放坡的方式。

(2) 预防措施。

变电站征地范围要合理利用自然地形,对护坡方案进行优化,综合考虑站区总平面布置、交通运输、雨水排放、土石方平衡、挡土墙护坡工程量等因素,因地制宜确定竖向布置形式,尽量减少边坡用地、场地平整土(石)方量、挡土墙及护坡等工程量,减少对现有资源环境的破坏,防止水土流失。

2.3.6 变电站建(构)筑物不满足防火间距要求

1. 工程概况

某 110 kV 变电站 2 号主变增容工程,在 2 号主变原有位置进行增容,无须征地。

2. 原设计方案

本期新建 2 号主变压器基础等,原有事故储油池拆除并新建。

3. 存在的主要问题

(1) 问题描述。

在初步设计审核时发现新建的事故储油池与 2 号主变设备较近,小于防火规范规定的 5 m 防火间距要求。送审土建总平面局部示意图如图 2.30 所示。

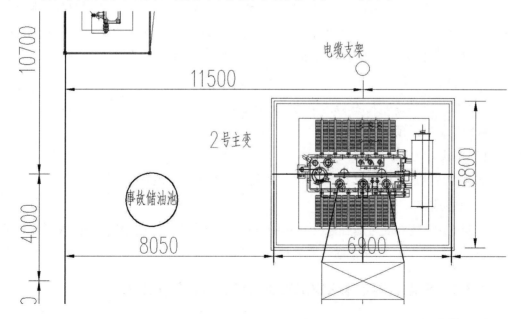

图 2.30　送审土建总平面局部示意图

(2)依据性文件要求。

根据《国家电网有限公司输变电工程初步设计内容深度规定 第2部分:110(66) kV 智能变电站》(Q/GDW 10166.2—2017)规定,简述防火间距和消防通道的设置(详见规定)。

根据《火力发电厂与变电站设计防火标准》(GB 50229—2019)第11.1.5条规定,变电站内建(构)筑物及设备的防火间距不应小于表2.1的规定。

表2.1 变电站内建(构)筑物及设备的防火间距   m

建(构)筑物、设备名称		丙、丁、戊类生产建筑耐火等级		屋外配电装置每组断路器油量/t		可燃介质电容器	事故储油池	生活建筑耐火等级	
		一、二级	三级	<1	≥1			一、二级	三级
油浸变压器、油浸电抗器单台设备油量/t	≥5,≤10	10		见第11.1.9条		10	5	15	20
	>10,≤50							20	25
	>50							25	30

根据《火力发电厂与变电站设计防火标注》(GB 50229—2019)第11.2.1条规定,生产建筑物与油浸变压器或可燃介质电容器的间距不满足11.1.5条规定的要求时,应符合下列规定:当建筑物与油浸变压器或可燃介质电容器等电气设备间距小于5 m时,在设备外轮廓投影范围外侧各3 m内的建筑物外墙上不应设置门、窗、洞口和通风口,且该区域外墙应为防火墙,当设备高于建筑物时,防火墙应高于该设备的高度;当建筑物外墙5~10 m范围内布置有变压器或可燃介质电容器等电气设备时,在上述外墙上可设置甲级防火门,设置高度以上可设防火窗,其耐火极限不应小于0.90 h。

(3)隐患及后果。

易导致火灾形势扩大,引发人员伤亡,造成财产损失。

4. 解决方案及预防措施

(1)解决方案。

调整事故储油池位置,与站内建(构)筑物满足消防安全距离要求。

(2)预防措施。

在变电站扩建时要考虑各建(构)筑物、设备的防火距离,如扩建设备间或建筑物间防火距离不满足要求,需增加防火墙等相应防火措施。

2.3.7 配电装置室未考虑配置轴流风机进行机械排风

1. 工程概况

某110 kV主变扩建工程,新建10 kV配电装置室内未设置轴流风机进行机械排风。

2. 原设计方案

未在配电装置室内设置轴流风机进行机械排风。

3. 存在的主要问题

(1) 问题描述。

新建 10 kV 配电装置室的工程,容易遗漏配电装置室的事故排风设计。具体表现为:未在配电装置室内设置轴流风机进行机械排风。

(2) 依据性文件要求。

根据《国家电网公司输变电工程通用设计 220 kV 变电站模块化建设》(2017 版)第 7.5.5.1 条规定,配电装置室应根据规范要求设置事故后通风风机。

根据《工业建筑供暖通风与空气调节设计规范》(GB 50019—2015)第 6.4.3 条规定,事故通风量宜根据工艺设计条件通过计算确定,且换气次数不应小于 12 次/h。

根据《220 kV～750 kV 变电站设计技术规程》(DL/T 5218—2012)第 8.2.2 条规定,配电装置室事故排风量每小时不小于 12 次换气次数,事故风机可兼作通风机。

(3) 隐患及后果。

发生事故时存在重大安全隐患。

4. 解决方案及预防措施

(1) 解决方案。

按照相应的规范要求在配电装置室内设置轴流风机进行机械排风。

(2) 预防措施。

设计人员应提高对暖通设计的重视程度,熟悉相应规范。在初步设计报告编制时,按相关规程规范进行暖通设计工作,在报告中明确具体设备配置参数和数量。

2.3.8 二次设备室未考虑配置空调

1. 工程概况

某 110 kV 2 号主变增容改造工程,二次设备室内未考虑配置空调。

2. 原设计方案

未在改造的二次设备室内设置空调来调节温度。

3. 存在的主要问题

(1) 问题描述。

对于变电站改扩建、增容等工程,经常遇到原二次设备室无法容纳新增屏柜,而将现有办公室或资料室等其他功能房间改造成二次设备间的情况。设计中容易遗漏改造的二次设备室的空调设计,使二次设备室无法调节温度。

(2)依据性文件要求。

根据《国家电网公司输变电工程通用设计 220 kV 变电站模块化建设》(2017 版)第 7.5.5.1 条规定,建筑物内生产用房应根据工艺设备对环境温度的要求采用分体空调或多联空调,寒冷地区可采用电辐射加热器。

根据《220 kV~750 kV 变电站设计技术规程》(DL/T 5218—2012)第 8.3.2 条规定,变电站的主控室、计算机室、继电器室、通信机房及其他工艺设备要求的房间宜设置空调;空调房间的室内温度、湿度应满足工艺要求,工艺无特殊要求时,夏季设计温度为 26~28 ℃,冬季设计温度为 18~20 ℃,相对湿度不宜高于 70%;空调设备一般不设置备用。

(3)隐患及后果。

易导致机器产生故障,发生事故时存在安全隐患。

4. 解决方案及预防措施

(1)解决方案。

按照相应的规范要求在二次设备间设置空调进行温度调节。

(2)预防措施。

设计人员应提高对暖通设计的重视程度,熟悉相应规范。在初步设计报告编制时,按相关规程规范进行暖通设计工作,在报告中明确具体设备配置参数和数量。

2.3.9 给排水接入资料不全

1. 工程概况

某 110 kV 新建变电站工程,未根据深度规定收集相关资料,未说明给排水点的相关情况。

2. 原设计方案

设计收资不到位,没有根据深度规定,收集相关资料,说明给排水点的相关情况。

3. 存在的主要问题

(1)问题描述。

对于变电站新建工程,给排水点与城市管网连接时,未取得相关资料,未明确给水干管的方位、管径、水量、水压等;未明确排水排入点的标高、位置、检查井编号。

(2)依据性文件要求。

根据《国家电网有限公司输变电工程初步设计内容深度规定 第 2 部分:110(66) kV 智能变电站》(Q/GDW 10166.2—2017)第 10.1 条规定,对于站区供、排水条件的说明,应包括:①水源,由自来水管网供水时,应说明供水干管的方位、接管管径、能提供的水量与水压,当建自备水源时,应说明水源的水质、水文及供水能力,取水方式及净化处理工艺和设备选型等;②现有排水条件,当排入城市管道或其他外部明沟时应说明管道、明沟的大小、坡向,排入点的标高、位置或检查井编号,当排入水体(江、河、湖、海等)时,还应说明对排放的要求,并应取得排放地点的排水协议。

(3)隐患及后果。

容易导致消防用水存在隐患,使生活用水受到影响,造成较大的投资变化。

4. 解决方案及预防措施

(1)解决方案。

按照深度规定收集相关资料,并说明给排水点的相关情况。

(2)预防措施。

初步设计过程中,加强与给排水管理部门的联系,充分收资,以满足工程设计深度要求。

2.3.10 打"深井"供水资料不全

1. 工程概况

某110 kV新建变电站工程,对确定站址的水源勘探深度不够。

2. 原设计方案

变电站新建工程初步设计时,对确定站址的水源勘探深度不足,没有收集相关资料,未明确打井深度。

3. 存在的主要问题

(1)问题描述。

对变电站新建工程进行初步设计时,对确定站址的水源勘探深度不够。需补充打深井报告及水质化验报告。明确打井的深度、出水量、水质是否符合生活水饮用标准等指标。

(2)依据性文件要求。

根据《国家电网有限公司输变电工程初步设计内容深度规定 第2部分:110(66) kV智能变电站》(Q/GDW 10166.2—2017)第10.1条规定,当建自备水源时,应说明水源的水质、水文及供水能力,取水方式及净化处理工艺和设备选型等。

(3)隐患及后果。

容易造成较大的投资变化。

4. 解决方案及预防措施

(1)解决方案。

按照深度规定补充打深井报告及水质化验报告。明确打井的深度、出水量、水质是否符合生活水饮用标准等指标。

(2)预防措施。

初步设计过程中,做好水井勘探工作,充分收资,补充打深井报告及水质化验报告。明确打井的深度,以满足工程设计深度要求。

2.3.11 事故储油池不满足排水要求

1. 工程概况

某 110 kV 变电站新建工程,事故储油池不满足排水要求。

2. 原设计方案

新建总事故储油池不满足排水要求。

3. 存在的主要问题

(1)问题描述。

变电站新建、改扩建工程中,遇到需要新建总事故储油池的项目时,容易遗漏事故储油池的排水设计,不满足排水要求。

(2)依据性文件要求。

根据《国家电网公司输变电工程通用设计 220 kV 变电站模块化建设》(2017 版)第 7.5.5.2 条规定,主变压器设有油水分离式总事故储油池。设计时通常考虑事故储油池的排油要求,而遗漏排水设计。

(3)隐患及后果。

容易造成投资变化。

4. 解决方案及预防措施

(1)解决方案。

按照深度规定进行事故储油池的排水设计。

(2)预防措施。

初步设计过程中,充分考虑事故储油池油水分离后的排水设计,在报告中详细说明,接入原有排水系统或是采用其他方式进行排水。

2.3.12 化粪池与地下取水构筑物的净距不满足要求

1. 工程概况

某 110 kV 变电站新建工程,化粪池与地下取水构筑物的净距不满足大于 30 m 的要求。

2. 原设计方案

化粪池与地下取水构筑物的净距不满足大于 30 m 的要求。

3. 存在的主要问题

(1)问题描述。

变电站新建尤其是改扩建工程中,容易忽视化粪池与地下取水构筑物的净距要求,由于受场地条件限制,因此设计方案不满足相关规范的要求。送审土建总平面及竖向布置图局部示意图如图 2.31 所示。

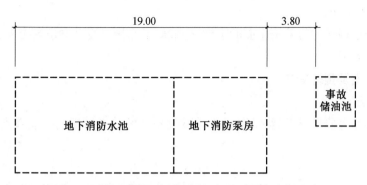

图2.31 送审土建总平面及竖向布置图局部示意图(m)

(2)依据性文件要求。

根据《建筑给水排水与节水通用规范》(GB 55020—2021)第4.4.7条规定,化粪池与地下取水构筑物的净距不得小于30 m。

(3)隐患及后果。

污染环境及地下水源,存在安全隐患。

4. 解决方案及预防措施

(1)解决方案。

对化粪池按照相应规范进行设计。

(2)预防措施。

设计单位应加强对《建筑给水排水与节水通用规范》的学习,认真梳理相关条文,在设计过程中严格执行。

2.4 通信专业

2.4.1 变电站相关光传输设备现状核实不准确

1. 工程概况

新建某110 kV变电站(A站),接入某220 kV变电站(B站),建设B站—A站的SDH 622 Mbit/s(1+1)光通信电路,需在B站的光传输设备上扩容2块622 Mbit/s光接口板。

2. 原设计方案

在B站的光传输设备上扩容2块622 Mbit/s光接口板。

3. 存在的主要问题

(1)问题描述。

B站的光传输设备已无空余槽位,新增的2块622 Mbit/s光接口板无法接入该设备。

(2)依据性文件要求。

根据《变电工程初步设计内容深度规定》(DL/T 5452—2012)第5.3.1条规定,提供与变电站投产年相关的在建和已经建成的光纤、微波、载波通信电路,传输组网及通信设备配置现状。

(3) 隐患及后果。

没有对通信现状进行系统全面的了解,造成新增光接口板没有位置接入,新建站点的通信电路无法开通。

4. 解决方案及预防措施

(1) 解决方案。

在投资不超可研情况下,将 B 站的光传输设备上的单光口板倒换成双光口板或四光口板。

(2) 预防措施。

应加强设计收资的深度与质量,严格依据相关标准规范及文件要求开展通信设计工作,确保通信设计方案合理、通信网络运行稳定。

2.4.2 站内引入光缆敷设需满足双路由要求

1. 工程概况

某 220 kV 变电站新建工程,随某 220 kV 变电站至另一 220 kV 变电站新建线路架设 2 根 72 芯 OPGW 光缆。

2. 原设计方案

某 220 kV 变电站原设计方案引入光缆敷设示意图如图 2.32 所示。

3. 存在的主要问题

(1) 问题描述。

按照原有设计方案,220 kV 侧有同方向的两根光缆引入站内。因变电站总平面二次沟道及二次设备室的入口处沟道数量的限制,同方向的两根光缆仅从一个路由沟道至二次设备室。

(2) 依据性文件要求。

根据《国家电网有限公司关于印发十八项电网重大反事故措施(修订版)的通知》(国家电网设备〔2018〕979 号)第 16.3.1.4 条规定,县公司本部、县级及以上调度大楼、地(市)级及以上电网生产运行单位、220 kV 及以上电压等级变电站、省级及以上调度管辖范围内的发电厂(含重要新能源厂站)、通信枢纽站应具备两条及以上完全独立的光缆敷设沟道(竖井),同一方向的多条光缆或同一传输系统不同方向的多条光缆应避免同路由敷设进入通信机房和主控室。

(3) 隐患及后果。

由于变电站引入光缆未采用双路由敷设,因此容易造成同一方向的两根光缆同时被破坏,进而造成通信电路中断。

4. 解决方案及预防措施

(1) 解决方案。

调整引入光缆敷设路径方案,满足双路由要求,调整后方案示意图如图 2.33 所示。

第 2 章 变电专业典型案例分析

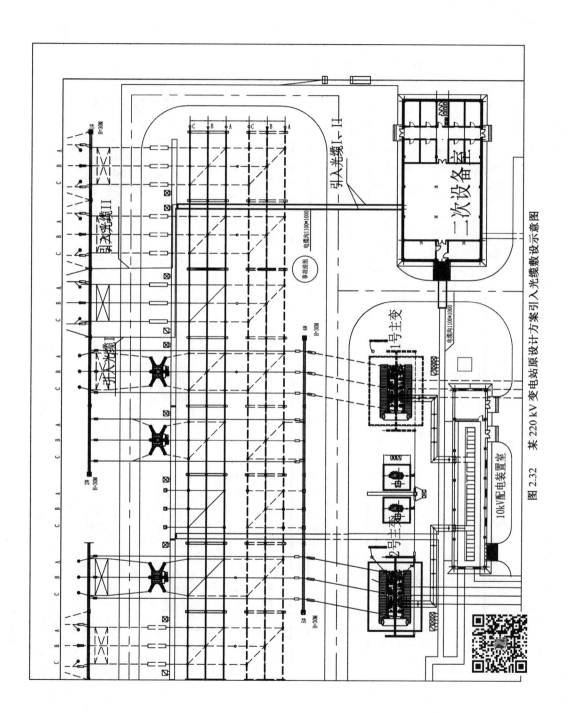

图 2.32 某 220 kV 变电站原设计方案引入光缆敷设示意图

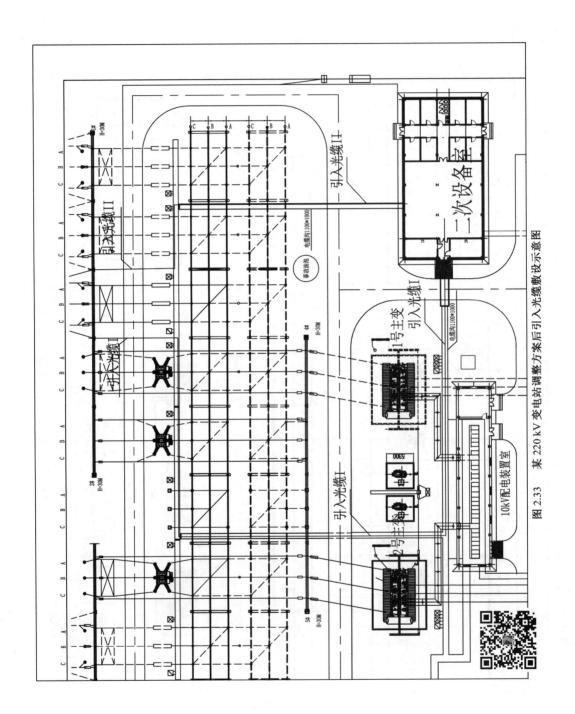

图 2.33 某 220 kV 变电站调整方案后引入光缆敷设示意图

(2)预防措施。

设计单位在设计时需明确同方向进站光缆的具体进站双路由,严格依据相关标准规范及文件要求开展设计工作。

2.4.3 不满足 OPGW 光缆进站三点接地要求

1. 工程概况

某新建 110 kV 变电站,随新建 110 kV 线路架设 1 根 OPGW 光缆,光缆采用架空方式进入变电站。

2. 原设计方案

OPGW 光缆引至构架处没有做光缆的接地设计。

3. 存在的主要问题

(1)问题描述。

OPGW 光缆引至构架处没有做光缆的接地设计,不符合 110 kV 出线侧构架处光纤复合架空地线 OPGW 光缆引下三点接地(指光缆进站安装中,将构架顶端、余缆前最下端固定点及光缆末端分别接地)要求。

(2)依据性文件要求。

根据《电力系统通信光缆安装工艺规范》(Q/GDW 10758—2018)第 7.2.2.1 条规定,OPGW 进站接地应采用可靠接地方式,OPGW 光缆引下应三点接地,接地点分别在构架顶端、最下端固定点(余缆前)和光缆末端,并通过匹配的专用接地线可靠接地。

(3)隐患及后果。

OPGW 光缆沿构架引下途中没有可靠接地,在有电流流过时必然产生电弧,从而对 OPGW 光缆造成损坏。

4. 解决方案及预防措施

(1)解决方案。

在设计中通信专业需要对 OPGW 光缆引下做三点接地设计,并与土建专业配合,计列接地端子相关材料。OPGW 三点接地示意图如图 2.34 所示。

(2)预防措施。

设计单位应严格依据相关标准规范及文件要求开展通信设计工作,明确专业设计分工界面。在工程设计时,通信专业应及时向相关专业提资,并加强专业间设计配合的规范性。

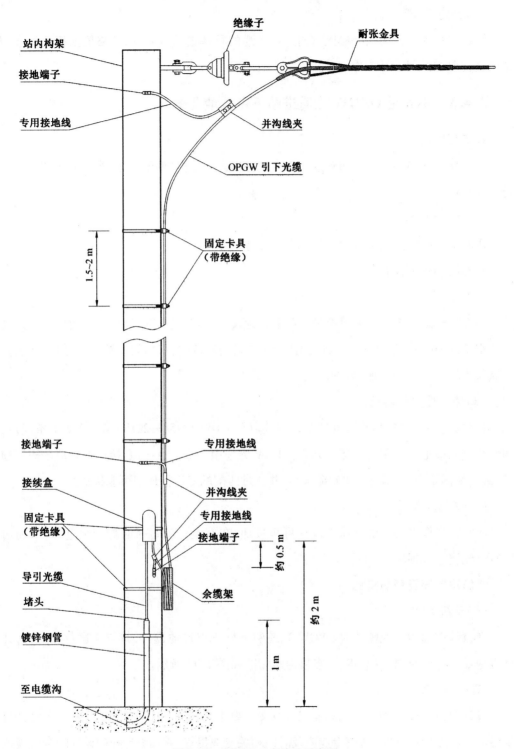

图 2.34 OPGW 三点接地示意图

2.4.4 光缆改造缺少通信过渡方案

1. 工程概况

某新建 110 kV 线路工程,该线路需钻越 220 kV 线路。为满足线路钻越要求,需将该 220 kV 线路的某号杆塔—某号杆塔之间线路进行抬高改造。该 220 kV 线路上现有 1 根 OPGW 光缆。

2. 原设计方案

新建 110 kV 线路钻越 220 kV 线路,要将该 220 kV 线路的某号杆塔—某号杆塔之间线路进行抬高改造。

3. 存在的主要问题

(1)问题描述。

原方案中,对 220 kV 线路抬高改造而造成光缆中断,设计未对光缆中断进行描述,220 kV 改造线路的 OPGW 光缆上现承载着省网和地区网通信电路,设计没有架设临时光缆恢复通信电路或者调整到其他路由进行迂回,缺少通信过渡方案。

(2)依据性文件要求。

根据《35~750 kV 输变电工程设计质量控制"一单一册"(2019 年版)》(基建技术〔2019〕20 号)中第二章常见病目录 2-4 规定,通信光缆改造期间应制定完善的通信过渡方案。

根据黑龙江省信通公司要求,工程中所涉及的线路迁改致使光缆中断的,要求光缆中断时间在 8 h 以内,如果超过 8 h,需要架设临时光缆恢复通信电路或者调整到其他路由进行迂回。

(3)隐患及后果。

随线路架设的光缆因施工而引起的中断需满足小于 8 h 的时间要求,若不满足 8 h 停电需求,在设计中没有同步考虑光缆改造期间的通信过渡方案,在光缆改造期间会导致在运业务中断。

4. 解决方案及预防措施

(1)解决方案。

随线路架设的光缆因施工而引起的中断需满足小于 8 h 的时间要求,若不满足 8 h 停电需求,需同步考虑光缆改造期间的通信过渡方案,防止光缆改造期间对在运业务的影响。

与线路专业沟通,补充通信临时过渡方案,补充临时光缆。

(2)预防措施。

设计单位需核实改造段光缆中断时间,同步考虑通信临时过渡方案,避免因施工期间光缆中断引起在运业务中断。

2.4.5 通信方案光缆芯数不满足要求

1. 工程概况

新建 1 回 110 kV 线路,随新建线路架设 1 根 OPGW 光缆。

2. 原设计方案

随新建 110 kV 线路架设 1 根 24 芯 OPGW 光缆。

3. 存在的主要问题

(1)问题描述。

随新建 110 kV 线路架设 1 根 24 芯 OPGW 光缆,光缆芯数不满足相关规程规定。

(2)依据性文件要求。

根据《国网基建部关于发布 35~750 kV 变电站通用设计通信、消防部分修订成果的通知》(基建技术〔2019〕51 号)规定,220 kV 随新建线路架设 2 根 OPGW 光缆,每根 72 芯;110 kV 随新建线路架设 1~2 根 OPGW 光缆,每根 48 芯;66 kV 随新建线路架设 1 根 OPGW 光缆,每根 24~36 芯;35 kV 随新建线路架设 1 根 OPGW 光缆,每根 24 芯。

(3)隐患及后果。

新建光缆芯数过少,若线路保护采用专用光纤芯保护方式、通信业务需求增加或光缆有断芯,没有备用纤芯,则会造成芯数不够用,影响通信网络稳定运行。

4. 解决方案及预防措施

(1)解决方案。

随新建 110 kV 线路架设 1 根 48 芯 OPGW 光缆。

(2)预防措施。

设计单位应严格依据相关标准规范及文件要求开展通信设计工作。

第3章 线路专业典型案例分析

3.1 线路电气专业

3.1.1 各电压等级出线方案未协同

1. 工程概况

某新建 220 kV 变电站(A 变电站),220 kV 出线共计 8 回,4 回架空,4 回电缆,电缆出站后经站外终端塔转为架空。本期新建 4 回架空出线和 1 回电缆出线,架空出线后需跨越变电站西侧某 110 kV 双回架空线路。

2. 原设计方案

本期新建 220 kV 出线 5 回,均采用高塔跨越变电站西侧双回 110 kV 架空线路,造成变电站出口处塔材及基础工程量指标较高。原设计方案示意图(变电站站外出线图)如图 3.1 所示。

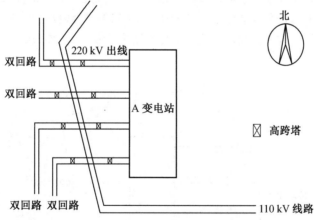

图 3.1　原设计方案示意图(变电站站外出线图)

3. 存在的主要问题

(1)问题描述。

根据本站 110 kV 切改方案,变电站西侧 110 kV 线路本期将在送出工程中 π 接至 A 站,设计人员未考虑该情况,设计方案存在以下问题。

①本期新建 220 kV 线路均采用跨越塔高跨该线路,线路架设方案不合理。

②设计未根据接入系统方案、输变电工程和下级送出工程建设时序,统筹 110 kV 线路过渡方案与送出工程实施,造成工程投资浪费。

(2)依据性文件要求。

根据《国家电网有限公司输变电工程初步设计内容深度规定 第6部分:220 kV 架空输电线路》(Q/GDW 10166.6—2016)第5.1条规定,变电站(升压站、开关站)本期和远期间隔排列,进出线终端塔布置和方向;与已有和拟建线路相互关系,远近期过渡方案;π接线路、改接线路、联合设计线路,应对 π 接点、改接点、接头点情况和方案进行描述。

根据输变电工程线路设计中应综合考虑变电站各电压等级出线情况,结合各电压等级本、远期接入系统方案,合理考虑预留线路跨越(钻越)位置,协同开展设计。

(3)隐患及后果。

设计未统筹新建220 kV 输变电工程和下一级线路送出方案,各自开展设计工作,造成整体方案不合理。

220 kV 线路采用跨越塔跨越即将切改的110 kV 双回架空线路:一是增加工程整体投资;二是跨越运行线路施工,增加施工风险。

4. 解决方案及预防措施

(1)解决方案。

统筹考虑变电站本期220 kV 和110 kV 两电压等级整体接入系统方案,协同设计,提前开展110 kV 送出工程设计工作,统筹考虑110 kV 送出与220 kV 线路路径方案。

①结合变电站110 kV 切改方案,本期将双回110 kV 线路切改主要工程量作为过渡方案,调整至220 kV 输变电工程一并实施,110 kV 线路架设至终端塔,本期不进站,远期110 kV 线路切改中仅考虑终端塔进线档架线,减少了线路不必要的交叉跨越。

②本期220 kV 线路施工时,变电站西侧双回110 kV 线路已完成切改,变电站西侧220 kV 线路均可采用常规直线塔架设,降低了铁塔指标。增加110 kV 过渡方案后示意图如图3.2所示。

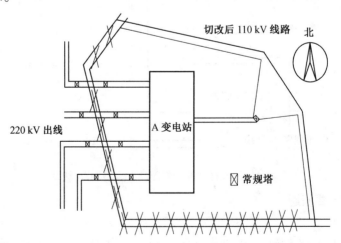

图3.2 增加110 kV 过渡方案后示意图

该方案不仅可以有效减少220 kV 线路投资,还可以增加方案整体协调性,虽然增加了110 kV 线路过渡方案,但充分结合了110 kV 线路切改方案,因此整体投资并未增加。同时减少了110 kV 线路停电次数及停电时长,110 kV 线路与220 kV 线路一并开展线路铁塔永久性占地协调工作,降低了操作难度,减少了施工风险。

(2)预防措施。

①新建输变电工程下一电压等级线路送出工程应与主体工程同期开展,避免后期出现因设计接口不衔接及缺乏整体规划等导致路径走廊规划、变电间隔排列不合理甚至后期工程无法出线的情况,尤其对于路径走廊紧张的输变电工程。

②线路专业应与系统、变电专业配合,明确出线间隔、方向及与已建和拟建线路的相互关系以及远近期过渡方案、远期出线规划等。核实新建站是否具备远期出线条件,应同时考虑低压出线规划,出线规划线路路径长度应不小于2 km。

3.1.2 线路、变电专业缺乏配合,导致相序错误,存在安全隐患

1. 工程概况

某66 kV架空线路工程,路径长度约0.85 km,全线单回路架设,原C变电站66 kV线路T接于A变电站—B变电站单回66 kV线路,本期线路由T接改为π接,形成A变电站—C变电站、C变电站—B变电站运行方式。

2. 原设计方案

原设计方案利旧原T接线路杆塔(原T接搭),本期仅新建T接点—C变电站的南侧线路。原设计方案线路相序示意图如图3.3所示,本期设计方案相序示意图如图3.4所示。

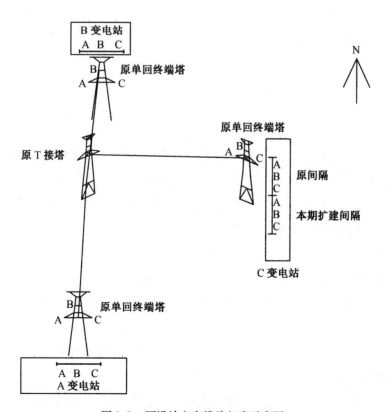

图3.3 原设计方案线路相序示意图

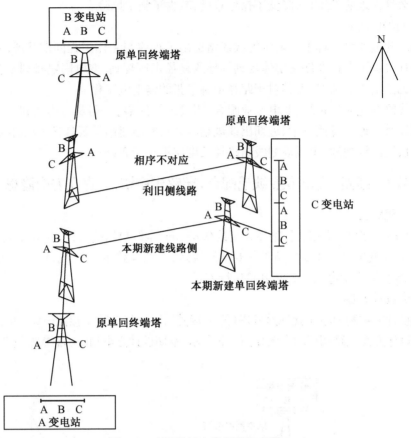

图 3.4 本期设计方案相序示意图

3. 存在的主要问题

(1) 问题描述。

原线路全线单回路架设,经与变电一次专业沟通,C 变电站原间隔相序及本间隔相序需保持自北向南分别为 A、B、C,相序无法调整。本期线路 π 接后 A 变电站—C 变电站本期进、出线相序匹配,而 C 变电站—B 变电站本期进、出线相序不匹配,且原 C 变电站、B 变电站出口均为单回路终端塔,无法进行调相。

(2) 依据性文件要求。

根据《输变电工程初步设计内容深度规定 第 1 部分:110(66) kV 架空输电线路》(Q/GDW 10166.1—2017)第 5.1 条规定,应说明变电站本期和远期间隔排列,进出线终端塔布置和方向,以及与已有和拟建线路的相互关系,远近期过方案。涉及 π 接线路、改接线路、联合设计线路时,应对 π 接点、改接点、接头点情况和方案进行描述。

(3) 隐患及后果。

线路专业、变电专业初设阶段未进行技术方案充分对接,线路两端同名间隔相序不对应,造成整体方案不合理:

①变电站两侧相序不对应,线路无法正常接线,影响供电计划。

②造成设计变更,增加投资,且临时规划停电施工方案,不可预见因素较大,可能造成无法按期停电从而影响施工进度的情况。

4. 解决方案及预防措施

(1)解决方案。

设计人员进行现场踏勘确认线路及变电站两侧相序,线路、变电专业初步设计阶段开展变电站进、出线间隔及相序的图纸会签工作。根据会签结果,变电专业完善 B 变电站调整间隔相序过渡方案,线路专业补充完善变电站进、出线示意图和相序示意图。线路专业补充的相序示意图如图 3.5 所示。

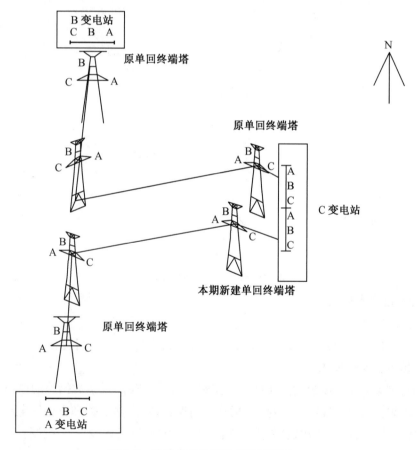

图 3.5　线路专业补充的相序示意图

(2)预防措施。

调查旧线路相序时应同时采用收资和现场调查两种手段。在工程设计中加强专业间配合,专业提资和会签应及时、有效、规范。此外,若遇一侧间隔无法调整相序,应充分考虑对侧间隔调整相序或利用双回路杆塔调相方案的可行性。

3.1.3 对"三跨"定义认知模糊,跨越普通铁路仍采用独立耐张段

1. 工程概况

某 66 kV 架空线路工程,路径长度约 19 km,全线单回路架设,在线路设计过程中,跨越普通铁路仍按照"三跨"原则采用独立耐张段设计。

2. 原设计方案

本期线路跨越 1 条普通铁路,跨越普通铁路段设计人员遵照"三跨"标准,采用"耐-直-直-耐"独立耐张段设计,杆塔结构重要性系数不低于 1.1,加装视频监控装置 1 套。原跨越某普通铁路示意图如图 3.6 所示。

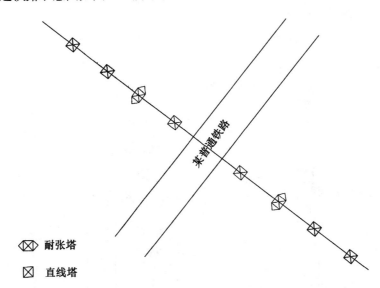

图 3.6 原跨越某普通铁路示意图

3. 存在的主要问题

(1)问题描述。

跨越普通铁路不属于"三跨"设计范畴,设计人员擅自提高设计标准。

(2)依据性文件要求。

根据《国家电网有限公司关于印发架空输电线路"三跨"反事故措施的通知》(国家电网设备〔2020〕444 号)规定,"三跨"是指跨越高速铁路、高速公路和重要输电通道的架空输电线路区段。跨越电气化铁路、重要线路的架空输电线路区段可参照执行。

(3)隐患及后果。

设计人员对"三跨"定义认知模糊,以"三跨"标准跨越普通铁路,造成本体投资增加。

4. 解决方案及预防措施

(1)解决方案。

设计人员严格按照"三跨"定义标准进行设计,取消"耐-直-直-耐"独立耐张段跨越,按照普通跨越进行设计,并取消在线监控装置。修改后跨越某普通铁路示意图如

图3.7所示。

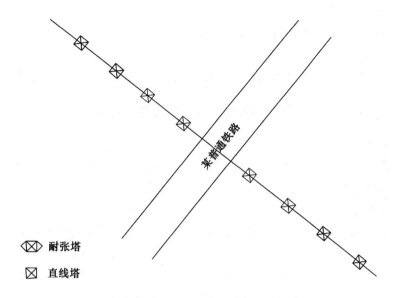

图 3.7 修改后跨越某普通铁路示意图

(2)预防措施。

设计人员应仔细研读《国家电网有限公司关于印发架空输电线路"三跨"反事故措施的通知》(国家电网设备〔2020〕444号),加深对"三跨"定义的理解,并结合政府规划进行设计,禁止擅自提高设计标准。

3.1.4 地形比例未按工程现场实际情况划分,分类不合理

1. 工程概况

某66 kV架空线路工程,路径长度约25.69 km,全线单回路架设,实际地形比例为平地12%、丘陵58%、山地30%。

2. 原设计方案

工程设计说明书中描述地形比例为平地12%、丘陵25%、山地63%,地质报告中提出路径沿线基本可划分为中低山丘陵区及中低山河谷冲积平原两个地貌区。

3. 存在的主要问题

(1)问题描述。

设计人员对山地、丘陵定义模糊,造成山地地形比例划分过大。

(2)依据性文件要求。

山地是指一般山岭或沟谷等,水平距离250 m以内,地形起伏在50～150 m的地带。丘陵是指陆地上起伏和缓、连绵不断的矮岗和土丘,水平距离1 km以内,地形起伏在50 m以下的地带。

(3)隐患及后果。

地形比例划分不准确,山地地形比例划分过大,导致工程总投资增加。

4. 解决方案及预防措施

(1)解决方案。

设计人员根据实际杆塔平断面高程,严格按照地形定义进行地形比例划分。

(2)预防措施。

设计人员应根据本工程提供的地质报告及杆塔平断面高程准确划分地形比例。

3.1.5 统一爬电比距认知模糊,未按规范要求选取

1. 工程概况

某 66 kV 架空线路工程,路径长度约 18 km,按照国家电网有限公司电网污区分布图(2020 年版)划分,全线位于 c 级污区。

2. 原设计方案

工程实际按照《110～750 kV 架空输电线路设计技术规定》(Q/GDW 10179—2017)(注:该企标已被《35 kV～750 kV 架空电力线路设计技术规定》(Q/GDW 10179—2023)取代)第 10.4 条规定,对于 c 级及以下污区,宜提高一级绝缘配置。结合线路附近的污秽和发展情况,全线按照 d 级中限标准配置绝缘,统一爬电比距选取为 44 mm/kV。

3. 存在的主要问题

(1)问题描述。

对于 66 kV 及以下线路工程,设计单位对绝缘子统一爬电比距的选择存在共性问题,具体表现为未考虑系统非直接接地形式与爬电比距的关系。

(2)依据性文件要求。

设计人员对 66 kV 及以下线路工程仍遵照《110 kV～750 kV 架空输电线路设计规范》(GB 50545—2010)附录 B 高压架空线路污秽分级标准中的原则进行绝缘子爬电距离的选取,并未按实际工程电压等级与系统接地形式参照对应等级设计规范进行设计,造成绝缘子统一爬电比距选择错误。66 kV 及以下线路工程应遵照《66 kV 及以下架空电力线路设计规范》(GB 50061—2010)根据系统接地形式进行统一爬电比距的选取。

(3)隐患及后果。

未考虑系统非直接接地形式与爬电比距的关系,导致相同污秽等级下绝缘子的统一爬电比距选择偏小,存在安全隐患。

4. 解决方案及预防措施

(1)解决方案。

根据《35 kV～750 kV 架空电力线路设计技术规定》(Q/GDW 10179—2023)第 9.6 条规定,c 级以下污区,外绝缘宜按 c 级配置;c、d 级污区宜按上限配置;e 级污区可按实际情况配置并适当留有裕度的要求。根据《国家电网有限公司关于印发十八项电网重大反事故措施(修订版)的通知》(电网设备〔2018〕979 号)第 7.11 条规定,线路设计时,交流 c 级以下污区外绝缘按 c 级配置;c、d 级污区按照上限配置;e 级污区可按照实际情况配置,并适当留有裕度的要求。本工程全线位于 c 级污区,线路应按 c 级污区上限配置绝缘。

据运维单位描述,该线路工程附近存在新建化工污染源,已有在运线路发生污闪事故,建议按 d 级污区配置绝缘。该工程按照 d 级污区适当提高绝缘设计标准,并遵照《66 kV 及以下架空电力线路设计规范》(GB 50061—2010),根据系统非直接接地形式,重新选取统一爬电比距为 55 mm/kV,并按此标准配置绝缘。

(2)预防措施。

设计人员应综合考虑电压等级与系统接地形式,并参照工程对应电压等级设计规范中污秽分级标准的爬电比距进行设计。参考规范如下:

国标:《110 kV~750 kV 架空输电线路设计规范》(GB 50545—2010);《66 kV 及以下架空电力线路设计规范》(GB 50061—2010)。

行标:《架空输电线路电气设计规程》(DL/T 5582—2020)。

企标:《35 kV~750 kV 架空电力线路设计技术规定》(Q/GDW 10179—2023)。

3.1.6　关于敏感点赔偿问题,未提前开展先签后建工作

1. 工程概况

某 66 kV 线路改造工程,新建单回线路总亘长 7.47 km,因路径局限性,涉及跨越房屋 22 处。

2. 原设计方案

本工程可研阶段只计列了跨越数量但未考虑跨越房屋赔偿问题,初设阶段遵循可研,未计列相关费用。

3. 存在的主要问题

(1)问题描述。

初设阶段未考虑跨越房屋赔偿问题,且未提前开展跨越敏感点的先签后建工作。

(2)依据性文件要求。

涉及敏感点赔偿问题,应按照《输变电工程初步设计内容深度规定 第 1 部分:110(66) kV 架空输电线路》(Q/GDW 10166.1—2017)第 4.5.3 条规定,补充涉及补偿费用较高的项目情况说明(资金、协议内容)。

(3)隐患及后果。

设计过程中对赔偿情况未予以重视,漏列跨越敏感点赔偿费用,且未进行先签后建工作,施工过程中可能会出现村民阻工,或因赔偿金额无法合理协商导致工程建设停滞。

4. 解决方案及预防措施

(1)解决方案。

属地建管单位经与当地政府部门共同会商,最终出具跨越房屋、庭院内立塔等相关赔偿明细盖章文件,初步设计阶段按照此标准计列赔偿费用(跨越民房补偿费用 7 万元/处,塔基位于庭院内 10 万元/处)。敏感点赔偿协议如图 3.8 所示。

图 3.8 敏感点赔偿协议

(2)预防措施。

涉及线路跨越房屋、塔基征占院落、鱼池中立塔等敏感点赔偿问题,建管单位应提前牵头协调政府或村委会与用户协商签订赔偿协议,或政府、村委会等相关部门出具合理赔偿协议作为工程建设取费依据,避免工程后期建设过程中出现阻碍。

3.1.7 初设线路路径与可研产生较大变化,未与上级单位沟通汇报

1. 工程概况

某110 kV线路工程(2023年2月开展初步设计评审),新建单回架空线路亘长30 km,为规避初设阶段发现的生态红线,线路路径较可研线路路径产生较大偏移。

2. 原设计方案

初设阶段设计单位经与自然资源局复核线路路径时发现:可研阶段自然资源局同意的路径与现阶段自然资源局掌握的生态红线产生大范围交叉。为规避生态红线,初设阶段线路路径较可研路径横向位移偏移1 km以上长度达到15 km,占总路径长度的50%。路径偏移情况示意图如图3.9所示。

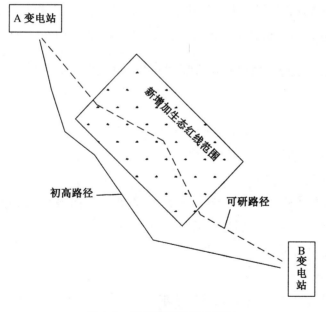

图3.9 路径偏移情况示意图

3. 存在的主要问题

(1)问题描述。

设计人员对上级下发文件掌握不准确,重视度不高,对于设计方案重大变更事宜未及时向上级沟通汇报。

(2)依据性文件要求。

根据《国网基建部关于发布 35～750 kV 输变电工程设计质量控制"一单一册"(2019年版)的通知》(基建技术〔2019〕20 号)规定,输电线路横向位移大于 500 m 的累计长度超过原路径长度的 30%,项目单位应及时与上级主管部门沟通汇报。

(3)隐患及后果。

建管单位及上级管理单位应及时掌握工程信息,对于技术方案变化较大的工程应重点关注,并重新取得相关部门对路径的许可协议,工程规模及概算发生较大变化应考虑可研、初设一体化复审,设计单位不及时向上级主管部门汇报可能导致工期延误,无法按时完成里程碑计划。

4. 解决方案及预防措施

(1)解决方案。

建管单位组织设计人员按要求填写"一单一册"沟通汇报材料,报送上级主管部门,并对该工程备案。

(2)预防措施。

建管单位应提前组织设计人员开展初设与可研差异对比分析会,充分掌握初设阶段方案与可研的变化情况,若技术方案发生较大变化,应及时与上级主管部门沟通汇报。

3.1.8 缺少初步设计内容深度规定所需图纸

1. 工程概况

某 220 kV 线路工程,新建单回架空线路亘长 31 km,地线采用 2 根 OPGW 复合光缆,无重要交叉跨越,地形比例为平地 100%。

2. 原设计方案

设计单位提供了路径示意图、杆塔一览图、基础一览图、变电站进出线示意图、相序图、导线特性曲线图、金具图、接地一览图。

3. 存在的主要问题

(1)问题描述。

设计人员对初步设计内容深度规定要求文件重视度不高,缺少输电线路单相接地零序短路电流曲线图纸。

(2)依据性文件要求。

根据《输变电工程初步设计内容深度规定 第 6 部分:220 kV 架空输电线路》(Q/GDW 10166.6—2016)第 23.1.1 条规定,一般线路必备图纸如下:

①线路路径图。路径图纸宜结合线路长度采用 1∶25 万、1∶5 万、1∶1 万等合适比例,必要时采用卫片;

②杆塔型式一览图；

③基础型式一览图；

④变电站进出线规划图；

⑤导线换位或换相图；

⑥导线特性曲线或表；

⑦地线和/或 OPGW 光缆特性曲线或表；

⑧主要绝缘子串及金具组装图；

⑨输电线路单相接地零序短路电流曲线；

⑩主要新设计杆塔的间隙圆图；

⑪接地装置一览图。

(3)隐患及后果。

设计单位未提供输电线路单相接地零序短路电流曲线图，无法核实地线热稳定校验及地线选型的准确性，可能存在地线截面选择过小导致温升过高损害光纤等隐患。

4. 解决方案及预防措施

(1)解决方案。

设计单位按初步设计内容深度规定要求补充输电线路单相接地零序短路电流曲线图，并进行地线的热稳定校验。

(2)预防措施。

设计单位应加强对设计质量深度的管理，组织设计人员学习初步设计内容深度规定有关文件，并于资料送审前对照深度规定要求逐条核实设计文件。

3.2 线路结构专业

3.2.1 杆塔使用条件不满足时，未按要求重新校验

1. 工程概况

某 66 kV 架空线路工程，路径长度约 63.13 km，全线单回路架设，该工程提供的设计气象条件中，最低气温工况温度为-53 ℃。

2. 原设计方案

本工程新建铁塔采用《国家电网有限公司 35～750 kV 输变电工程通用设计、通用设备应用目录(2024 年版)》66-AD21D 模块，该模块使用条件最低温度为-40 ℃，但该工程所在地区低温工况的最低气温为-53 ℃。原设计方案气象条件如图 3.10 所示。

3.9 设计气象条件成果

根据上述资料的统计、分析及论证,并参考《66 kV 及以下架空电力线路设计规范》(GB 50061—2010)中有关规定及全国典型气象区划分,以及已有线路的设计运行情况,选定本工程设计气象条件如表 3.9.1 所示。

表 3.9.1 设计气象条件成果表

序号	气象条件	温度/℃	风速/(m·s^{-1})	覆冰/mm
1	最低气温	−53	0	0
2	平均气温	−10	0	0
3	最大风	−5	29	0
4	覆冰	−5	10	10
5	最高气温	40	0	0
6	安装	−15	10	0
7	雷电过电压(无风)	15	0	0
8	雷电电压(有风)	15	10	0
9	操作过电压	−10	16	0
10	冰的比重	0.9 g/cm^3		
11	雷暴日数	40		

图 3.10 原设计方案气象条件

3. 存在的主要问题

(1) 问题描述。

设计在铁塔超出使用条件范围时,未对所使用铁塔模块重新校验,也未考虑低温工况可能引起的塔重增加。

(2) 依据性文件要求。

根据《架空输电线路荷载规范》(DL/T 5551—2018)第 4.2.11 规定,各类杆塔承载能力极限状态下的荷载基本组合应计算设计大风情况、设计覆冰情况、低温情况、不均匀覆冰情况、断线情况和安装情况,必要时尚应计算地震作用和偶然荷载作用等情况;大跨越线路的耐张塔应按转角和终端两种情况进行计算。

(3) 隐患及后果。

本工程所在地区最低气温取值相对较低,低温工况易成为控制气象条件,杆塔若不经过校验,在超过自身使用条件下长期运行,可能造成部分杆件超限,甚至引发倒塔事故,影响线路安全稳定运行。

4. 解决方案及预防措施

(1)解决方案。

设计人员按本工程低温工况-53℃对铁塔进行重新校验,并在设计过程中考虑由低温工况改变所引起的塔重增加量。

(2)预防措施。

杆塔作为架空输电导线的承载结构,应保证其安全稳定性。设计人员在选用通用设计模块时,应认真比对通用设计使用条件与工程实际使用条件,并按照工程实际使用条件,对铁塔结构重新进行校验,以保证铁塔的运行安全。

3.2.2 地脚螺栓规格未按国网公司相关文件要求选择

1. 工程概况

某66kV架空线路工程,路径长度约1.1km,全线单回路架设,沿线地质以粉质黏土为主,基础主要采用台阶式基础,其中某一基础形式选用的地脚螺栓规格为M27。

2. 原设计方案

本工程新建角钢塔6基,根据工程实际情况设计了4种型号的刚性台阶基础。其中Z2C16基础地脚螺栓型号采用M27。

3. 存在的主要问题

(1)问题描述。

地脚螺栓规格选用不规范,未执行国网相关文件要求。

(2)依据性文件要求。

根据《国网基建部关于进一步规范输电线路杆塔设计地脚螺栓选用要求的通知》(基建技术〔2017〕92号)要求,输电线路新建、改造工程中地脚螺栓规格应按照M24、M30、M36、M42、M48、M56、M64、M72、M80、M90、M100等进行选用。当输电线路杆塔通用设计中,地脚螺栓规格与上述不一致时,应在上述规格系列中,选取相邻大一级的规格。

(3)隐患及后果。

地脚螺栓承担着输电杆塔结构与基础之间的连接重任,是确保整个结构稳固性的关键环节。地脚螺栓的质量和性能直接影响输电杆塔结构的安装精度、承载能力及使用寿命,是确保线路结构安全的重要构件。若地脚螺栓选用不规范,将对输电线路结构产生较大安全隐患。

4. 解决方案及预防措施

(1)解决方案。

设计人员根据相关规范要求,将Z2C16基础地脚螺栓规格调整为M30,并根据《输电线路杆塔制图和构造规定》(DL/T 5442—2020)附录B杆塔和基础连接形式中相关要求,按调整后的地脚螺栓规格,重新校核塔脚板上的地脚螺栓孔径、孔间距、孔边距等尺寸。

(2)预防措施。

设计人员应深入学习各项强制性条文及重点规范文件,设计院及建设管理单位应适时对最新的规范文件进行宣贯,确保设计文件不发生违反规范及强条内容,保证线路的安全稳定运行。

3.2.3 基础形式选择未考虑地质影响因素

1. 工程概况

某 66 kV 架空线路工程,路径长度约 1.7 km,全线单、双回路混合架设,地形条件为平地 82%、沼泽 18%。设计人员推荐全线采用刚性基础。

2. 原设计方案

本工程新建角钢塔 9 基,根据工程实际情况设计了 6 种型号的刚性台阶基础。原设计方案基础一览图如图 3.11 所示。

3. 存在的主要问题

(1)问题描述。

本工程部分地区存在沼泽,开挖基础虽具有施工简便的特点,是工程设计中最常用的基础形式,但在沼泽地区,设计应考虑存在软弱下卧层、地基承载力不足、地下水位较高等因素。

(2)依据性文件要求。

根据《输变电工程初步设计内容深度规定 第 1 部分:110(66) kV 架空输电线路》(Q/GDW 10166.1—2017)第 13.2.2 条规定,综合地形、地质、水文条件以及基础作用力,因地制宜选择适当的基础类型,优先选用原状土基础,说明各种基础形式的特点、适用地区及适用杆塔的情况,对基础尺寸应进行优化。

(3)隐患及后果。

由于沼泽地区的土壤含水率较高,地基承载力较低,若采用大开挖基础会造成基础本体工程量偏高,且刚性基础抗拉、抗弯、抗剪强度较低。在沼泽地区,由于土壤的不稳定性,刚性基础可能更容易受到上述应力影响而出现裂缝或损坏。同时,沼泽地区大开挖基础的施工难度较大,增加了施工成本。

4. 解决方案及预防措施

(1)解决方案。

设计人员结合沿线地质条件,优化主要基础形式,在沼泽地区优先选用原状土基础,如灌注桩基础,减少了基础工程量,降低工程造价,便于后期施工。调整后的基础一览图如图 3.12 所示。

第3章 线路专业典型案例分析

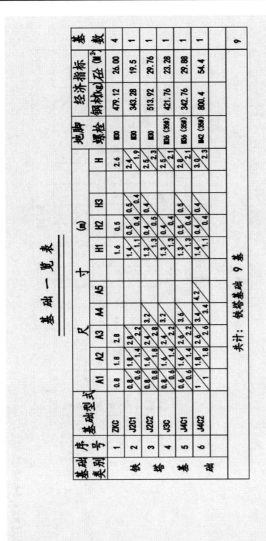

图 3.11 原设计方案基础一览图

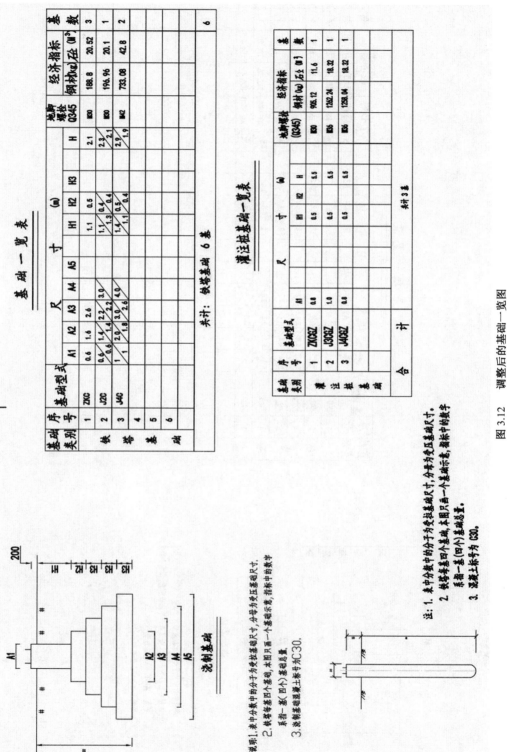

图 3.12 调整后的基础一览图

(2)预防措施。

设计人员在进行基础设计时,应结合工程实际,认真分析地质条件,选用适合的基础形式。同时,在保证安全的前提下,也应满足机械化施工的相关要求。

3.2.4 线路改造未经校核直接利用旧塔,存在安全隐患

1. 工程概况

某 66 kV 架空线路改造工程,路径长度约 3.7 km,全线采用单回路架设,设计人员未经校验,直接利用既有杆塔。

2. 原设计方案

本工程新建角钢塔 13 基,在变电站出口处利用既有线路路径出线,利用既有线路铁塔 4 基。原设计方案变电站出口处路径示意图如图 3.13 所示。

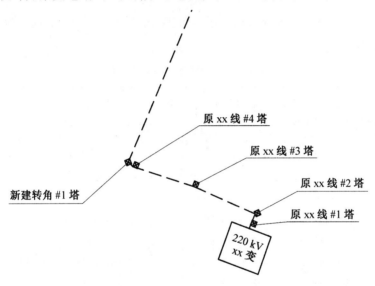

图 3.13 原设计方案变电站出口处路径示意图

3. 存在的主要问题

(1)问题描述。

本工程在利用既有铁塔时,设计单位未按本工程实际使用条件,对现状铁塔及基础强度等相关内容进行校核,无法确定其安全可靠性,为工程埋下了安全隐患。

(2)依据性文件要求。

根据《国家电网有限公司输变电工程初步设计内容深度规定 第 6 部分:220 kV 架空输电线路》(Q/GDW 10166.6—2016)、《输变电工程初步设计内容深度规定 第 1 部分:110(66) kV 架空输电线路》(Q/GDW 10166.1—2017)中相关要求,采用通用设计杆塔模块的工程,应校验以下内容:

①气象条件:设计风速,覆冰厚度,海拔高度,地形情况等;
②电气条件:导、地线型号,电气间隙,地线保护角等;
③杆塔规划:水平档距,垂直档距,代表档距,呼高范围等;
④杆塔材料:构件材质,规格,螺栓型号等;
⑤挂点型号、地脚螺栓型号等接口参数。

(3)隐患及后果。

随着输电线路技术的发展和设计标准的更新,新规范对杆塔及基础的设计、荷载计算等方面提出了更高的要求,在利用旧杆塔时,若不重新验算,在电气间隙、杆塔承载力等方面可能存在不满足新规范要求的情况,从而增加了线路运行的不稳定性和安全风险。

4. 解决方案及预防措施

(1)解决方案。

设计人员根据工程实际情况对利旧杆塔和基础进行了重新校验,并提交计算书,计算书部分内容见表3.1。

表3.1 利旧杆塔计算书部分内容

起点	终点	规格	螺栓	长度/m	计算长度/cm	回转半径/cm	计算长细比	允许长细比	稳定系数	最大拉力/kN	工况	最大压力/kN	工况	折减系数	计算应力/MPa	允许应力/MPa	应力比
111	151	L75×5H	6.8M20×3	0.918	91.8	1.50	76	150	0.599	-72.10	30 013	119.01	10 030	0.70	213	226.2	0.94
71	111	L75×5H	6.8M20×2	0.918	91.8	1.50	61	150	0.719	-47.26	30 015	101.46	10 030	1.00	192.8	305.0	0.632
31	71	L75×5H	6.8M20×2	0.918	91.8	1.50	76	150	0.599	-16.99	20 013	68.18	20 030	0.70	129.6	213.5	0.607
231	271	L70×5H	6.8M20×2	0.953	95.3	1.39	81	150	0.555	-66.40	20 020	0.00	0	0.85	174.2	305.0	0.571

(2)预防措施。

利旧杆塔是充分发掘既有资产价值,节省建设投资的好方式,在利用原输电线路杆塔和基础时,需对其结构强度、电气性能等技术内容进行校核,满足工程需求后方可利用,否则将给工程带来安全隐患。

3.2.5 未按国网安检印发文件要求装设输电线路防高坠装置

1. 工程概况

某110 kV架空线路工程,路径长度约13.2 km,全线采用单回路架设,工程于2023年

11月中旬完成可研批复，设计阶段未按要求加装输电线路防高坠装置。

2. 原设计方案

本工程新建单回路角钢塔43基，对全高30 m及以上杆塔未考虑增设防高坠装置。

3. 存在的主要问题

（1）问题描述。

建管单位与设计单位未及时了解有关杆塔防坠落装置最新文件要求，未充分考虑高处作业人身风险防控，未计列杆塔防坠导轨工程量。

（2）依据性文件要求。

根据《国家电网有限公司关于印发输电线路防高坠重点任务措施的通知》（国家电网安监〔2023〕663号）规定，按照钢管杆塔、30 m及以上杆塔（全高）和220 kV及以上线路杆塔应设置作业人员上下塔和水平移动的防坠安全保护装置的装设标准，把固定防坠导轨作为基础安全设施，纳入新建线路投资，在相关增量输电杆塔上全面应用。对截至2023年10月31日尚未完成可研批复的输电线路项目一律视为增量，其他已完成可研批复的按存量考虑。

（3）隐患及后果。

在电力工作人员进行输电线路的巡视或维护过程中，若未安装高空防坠落装置，工作人员将面临高空坠落的风险。为保障电力工作人员的生命安全和电力设施的正常运行，必须重视高空防坠落装置的安装和使用。

4. 解决方案及预防措施

（1）解决方案。

设计人员根据工程实际情况，按照相关要求，在材料表及概算中计列了防坠落装置。

（2）预防措施。

建管单位应及时向设计单位传达国网下发的重要文件内容，设计单位需结合工程实际合理计列杆塔防坠导轨工程量，并明确取费标准。

3.2.6 水文资料深度不足，不足以支撑基础设计方案

1. 工程概况

某110 kV架空线路工程，路径长度约15.6 km，全线采用单回路架设，水文报告内容缺失，部分内容与说明书描述相违，不足以支撑工程设计方案。

2. 原设计方案

本工程新建单回路角钢塔60基，全线基础露头按200 mm设计。

3. 存在的主要问题

(1)问题描述。

水文报告深度不满足要求,对所涉及河流、湖泊、水库等水体的水文条件调查不充分,河滩立塔时未进行必要的水文计算,设计洪水位、最大冲刷深度等数据不准确,内涝积水区塔位未提供内涝水位分析成果,基础设计方案未考虑内涝影响。

(2)依据性文件要求。

根据《35 kV～220 kV 输变电工程初步设计与施工图设计阶段勘测报告内容深度规定 第2部分:架空线路》(Q/GDW 11881.2—2018)第5.2.2节等有关规定。

①跨越水体,应提供跨越段设计洪水位。

②受河道演变影响的塔位,应提供岸滩稳定性分析成果。

③当在水库坝下、堤防背水侧立塔时,应根据大坝、堤防的实际防洪能力,分析其是否满足线路工程防洪要求,不满足时应计算溃坝、溃堤洪水,提供塔位防洪防冲分析成果。

④内涝积水区塔位,应提供内涝水位分析成果。

⑤坡地立塔受汇水影响时,应提供塔位防冲刷水文分析成果。

⑥水中或滩地立塔,应提供塔位处设计洪水位、最大冲刷深度等水文分析成果。

(3)隐患及后果。

水文气象报告深度不足可能导致线路设计存在缺陷,如杆塔基础设计不合理、导线选型不当等,这些缺陷将直接影响输电线路的安全性和稳定性。同时,缺乏深入的水文气象分析,可能导致对潜在风险的评估不足。影响设计的准确性和可靠性,导致后期实施阶段发生工程量变化及投资不准确等情况。此外,对当地气候条件考虑不足而盲目设计,可能导致输电线路的运维工作变得更加困难,极大地增加运维成本,降低经济效益,增加运维人员的工作量和风险。

4. 解决方案及预防措施

(1)解决方案。

设计单位增加了初设阶段勘测力量投入,按照勘测报告成品的相关深度要求编制水文报告,并按水文报告内容提高内涝段塔位基础露头高度。修改后的水文气象报告如图3.14所示。

7	沿线内涝
	本次线路新建工程部分地势较低洼,相对周围地势较低,在夏季丰雨期,短时间内的强降雨容易造成排水不畅,造成内涝。水田内的塔位内涝水深按0.4 m考虑。

图3.14 修改后的水文气象报告

(2)预防措施。

水文资料是基础设计的依据,对工程技术方案、工程量及工程投资影响很大,尤其是水位高程、冲刷深度、内涝水位等重要结果必须准确。

因此,输电线路设计时应充分重视水文气象报告的深度和准确性。设计前应对当地的气候条件进行充分调研和分析,确保设计符合当地的实际环境和气候条件。同时,应加强与设计、施工、运维等各方的沟通和协作,共同确保输电线路的安全、可靠和经济运行。

3.2.7 地质资料深度不足,造成基础设计方案发生较大变化

1. 工程概况

某 110 kV 架空线路工程,路径长度约 20.3 km,全线采用单回路架设,岩土工程勘测报告部分内容深度不足,不足以支撑工程设计方案。

2. 原设计方案

本工程新建单回路角钢塔 74 基,地质以粉质黏土为主,根据地质条件,基础采用台阶基础、灌注桩基础,基础采用 C30 级混凝土,基础保护帽、基础垫层采用 C15 级混凝土。

3. 存在的主要问题

(1)问题描述。

地勘报告深度不足,地质分层描述不准确,地基承载力相比周边相近工程取值较大;地质水位情况不准确;地基土、地下水腐蚀性、湿陷性评级依据不充分,结论不准确。

(2)依据性文件要求。

根据《35 kV~220 kV 输变电工程初步设计与施工图设计阶段勘测报告内容深度规定 第 2 部分:架空线路》(Q/GDW 11881.2—2018)中第 6、7 章等有关特殊岩土及不良地质作用有关规定,说明特殊岩土、不良地质作用的类别、范围、性质,评价其对工程的危害程度,提出避绕或整治对策建议。

(3)隐患及后果。

地勘报告是支撑技术方案的基础,对工程技术方案、工程量及工程投资影响很大,尤其是地质分层、腐蚀性、不良地质情况等重要结果必须准确。地勘报告深度不足可能导致设计依据不充分,增加了设计错误的风险。同时,地勘报告深度不足,将导致对地质条件、土壤性质、地下水情况等重要因素的评估不准确,直接影响输电线路的基础设计、杆塔选型、线路路径规划等。

4. 解决方案及预防措施

(1)解决方案。

设计人员在初步设计阶段,结合工程现场实际情况,重新编制地勘报告,使报告深度满足工程设计需求。

(2)预防措施。

设计院应在输电线路设计前进行充分的岩土工程勘测,严格按照初步设计相关深度要求编写勘测报告,确保勘测报告的深度和准确性。同时,在设计和施工过程中,相关工作人员应充分考虑地质条件的影响,采取适当的防护措施和应对措施,确保输电线路的安全稳定运行。

3.2.8 电缆敷设断面图排管孔数设计不合理,未按要求预留检修孔

1. 工程概况

某 66 kV 电缆线路工程,路径长度约 3.1 km,全线采用单回路敷设,排管断面为 3×1 孔。

2. 原设计方案

本工程全线采用混凝土全包封排管敷设方式,混凝土强度等级采用 C25,排管断面均为 3×1 孔。

3. 存在的主要问题

(1)问题描述。

电缆排管孔数设计不合理,在满足规划需要的基础上,未按相关要求预留检修孔。原方案电缆敷设断面图如图 3.15 所示。

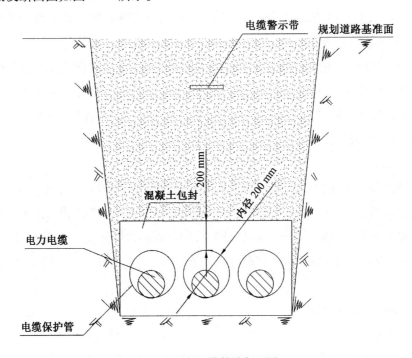

图 3.15 原方案电缆敷设断面图

(2)依据性文件要求。

根据《电缆通道设计导则》(Q/GDW 10864—2022)规定,保护管断面设计应满足规划电缆数量需求并留有裕度,应合理设置通信孔,宜设置抢修备用孔。

根据《国网运检部关于印发高压电缆及通道工程生产准备及验收工作指导意见的通知》(运检二〔2017〕104号),第二章初设阶段的第十一条规定,排管的孔数应满足规划需要,并保留一定的裕度(预留检修孔)。

(3)隐患及后果。

电缆敷设时一般要求每回预留一个电缆检修孔,主要原因是预留检修孔便于日常维护和检修,大大提高维护和检修的效率,降低维修成本,降低安全风险,提高系统运行可靠性。未按要求预留抢修备用孔,当其中一项电缆发生故障时,供电抢修阶段将耗费大量时间。

4. 解决方案及预防措施

(1)解决方案。

设计人员按要求重新对电缆敷设断面图进行规划,并新增电缆检修孔。修改后的电缆敷设断面图如图3.16所示。

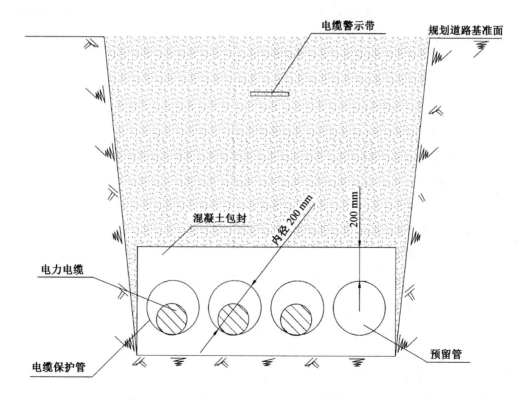

图3.16 修改后的电缆敷设断面图

(2)预防措施。

设计单位应继续加强规范及文件学习,同时建设管理单位应组织好内审工作,设计方案应结合生产部门意见。

3.2.9 机械化施工方案设计深度不足

1. 工程概况

某 220 kV 架空线路工程,路径长度约 10.3 km,全线采用单回路架设,线路沿线地形比例为平地 100%。

2. 原设计方案

本工程单回路角钢塔 37 基,地形以平地为主,全线采用全过程机械化施工技术模式。

3. 存在的主要问题

(1)问题描述。

机械化施工专题报告中,机械化施工方案未结合冬季施工方案充分利用相邻道路,修建临时道路过多。

(2)依据性文件要求。

根据《架空输电线路机械化施工技术导则》(Q/GDW 11598—2016)第 5.4.1 条规定,路径选择应充分利用已有建设环境,综合考虑物料运输、设备进场、牵张场设置、放线等机械化施工作业因素,进行多方案比选。

(3)隐患及后果。

输变电工程机械化施工在提高施工效率、提升施工质量、保障施工安全、节约能源资源、适应复杂地形环境及推动行业创新与发展等方面都发挥了重要作用,对于输电线路工程的顺利进行具有重要意义。在设计阶段,若机械化施工方案设计不合理,将造成工程概算不准确,施工费用偏高,同时也将影响工程效率,在工程施工过程中产生不必要的安全隐患。

4. 解决方案及预防措施

(1)解决方案。

设计人员按照深度要求对机械施工专题报告进行修改,重新规划机械化施工道路。

(2)预防措施。

临时道路修建是机械化施工的前提和重要指标,设计单位应加强内部管理,及时与建管单位、环水保第三方编制单位进行有效沟通,应结合架空输电线路的工程设计、施工装备及施工工艺等特点,如实、经济、合理开展机械化施工设计。

此外,机械化施工专题需结合施工时间与水保报告补充单基策划方案,并明确道路修筑量及修筑方式描述、汽车平均运距、材料站位置等。

3.2.10 电缆采用直埋穿保护管方式敷设,不符合相关文件要求

1. 工程概况

某 66 kV 电缆线路工程,路径长度约 1.8 km,全线采用单回路敷设。

2. 原设计方案

原设计方案中,电缆采用 4 种方式敷设:利用既有电缆隧道方式敷设、混凝土包封排管方式敷设、顶管方式敷设、直埋穿保护管方式敷设,其中直埋穿保护管方式不符合相关文件要求。原设计方案(直埋穿保护管电缆敷设断面图)如图 3.17 所示。

图 3.17 原设计方案(直埋穿保护管电缆敷设断面图)

3. 存在的主要问题

(1)问题描述。

变电站外部分电缆采用直埋穿保护管方式敷设,违反《国家电网公司关于印发电力电缆通道选型与建设指导意见的通知》(国家电网运检〔2014〕354 号)中相关规定。

(2)依据性文件要求。

根据《国家电网公司关于印发电力电缆通道选型与建设指导意见的通知》(国家电网运检〔2014〕354 号)要求:

①各类城市及供电区域电缆通道选型原则。

a. 二线及以下城市 A+、A、B 和 C 类供电区域:6~20 kV 宜采用排管方式;35~220 kV(220 kV 6 回路以下)宜采用排管方式,不应采用直埋方式。

b. D 类供电区域:6～20 kV 宜采用直埋方式;35～220 kV(220 kV 6 回路以下)宜采用排管方式,不应采用直埋方式。

②排管建设原则。

35～220 kV 排管和 18 孔及以上的 6～20 kV 排管方式应采取(钢筋)混凝土全包封防护。

(3)隐患及后果。

采用直埋穿保护管方式敷设,不进行混凝土包封防护,电缆将直接暴露于环境中,容易受到潮湿、腐蚀、高温、机械损伤、化学腐蚀和紫外线辐射等外界因素的影响,导致电缆受损。同时,电缆在受到外力冲击或弯曲时,由于没有混凝土包封的保护,更容易受损,影响电缆线路的安全稳定运行。

4. 解决方案及预防措施

(1)解决方案。

设计人员按照相关文件要求,取消直埋穿保护管敷设方式,按照混凝土包封排管敷设方式进行设计。修改后混凝土包封排管敷设断面图如图 3.18 所示。

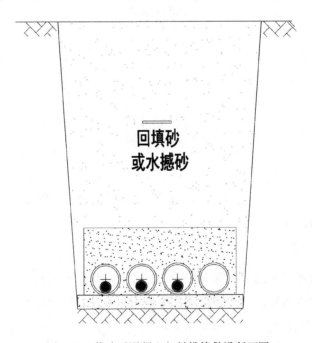

图 3.18　修改后混凝土包封排管敷设断面图

(2)预防措施。

设计人员应充分学习了解相关技术文件,选择合理的电缆敷设方式。在变电站外严禁采用直埋穿保护管方式敷设电缆。

第4章 环水保专业典型案例分析

4.1 环境保护部分

4.1.1 工程项目未按环保要求编制环境影响报告表

1. 工程概况

某 110 kV 变电站现运行主变压器 1 台,容量为 31.5 MV·A。为了满足近、远期新增用电负荷的需求,现将扩建 2 号主变,容量为 31.5 MV·A。

2. 原设计方案

在工程设计中,建设单位未按照建设项目环境影响评价分类管理名录的规定,组织编制环境影响报告表或者填报环境影响报告表。

3. 存在的主要问题

(1)问题描述。

该工程在初步设计阶段未委托有相应资质的单位编制环境影响报告表。

(2)依据性文件要求。

根据生态环境部下发的《建设项目环境影响评价分类管理名录》(生态环境部令〔2021〕16号)中规定,500 kV 及以上的或涉及环境敏感区的 330 kV 及以上的输变电工程需要编写环境影响报告书,100 kV 以下电压等级的不用编制,介于两者之间的编制环境影响报告表。本工程满足管理名录中的规定,需要编制环境影响报告表。

(3)隐患及后果。

根据《中华人民共和国环境影响评价法》第二十五条规定,建设项目的环境影响评价文件未依法经审批部门审查或者审查后未予批准的,建设单位不得开工建设。

4. 解决方案及预防措施

(1)解决方案。

建设单位应当按照生态环境部下发的《建设项目环境影响评价分类管理名录》的规定,在工程初步设计阶段应该委托有相应资质的单位编制环境影响报告表。

(2)预防措施。

在工程规划可研阶段主动联系当地环境行政主管部门,并按照国家有关法律法规要求启动环境影响报告编制工作。

4.1.2　扩建变电站噪声超标未采取降噪措施

1. 工程概况

某 110 kV 改扩建变电站工程,现状为 1 台主变,本期新增 2 号主变一台。

2. 原设计方案

工程初步设计阶段未考虑变电站运行期噪声影响。

3. 存在的主要问题

(1)问题描述。

本工程变电站厂界噪声标准按声环境 2 类执行,由于变电站周边存在敏感建筑物,经计算发现变电站围墙噪声超标。

(2)依据性文件要求。

根据《建设项目环境保护管理条例》第三章第十五条规定,建设项目需要配套建设的环境保护设施,必须与主体工程同时设计、同时施工、同时投产使用。本项目未采取变电站降噪措施。

根据《声环境质量标准》(GB 3096—2008)第四条规定,按区域的使用功能特点和环境质量要求,声环境功能区分为五种类型,本项目变电站位于 2 类声环境功能区,依据《工业企业厂界环境噪声排放标准》(GB 12348—2008)第 4.1.1 条规定,2 类声环境功能区环境噪声不得超过昼间 60 dB、夜间 50 dB。

(3)隐患及后果。

变电站噪声超标不能完成环保验收。

4. 解决方案及预防措施

(1)解决方案。

经过计算,需要在围墙处增加隔声屏障方可满足扩建后环境影响评价要求。声屏障示意图如图 4.1 所示。

(2)预防措施。

变电站在初步设计阶段,环评编制单位应根据现有工程规模及本期工程规模对噪声源进行叠加分析预测,通过计算分析,围墙处噪声超标的应采取降噪措施。

图 4.1 声屏障示意图

4.2 水土保持部分

4.2.1 工程项目未按要求编制水土保持方案报告表

1. 工程概况

某 220 kV 变电站主变扩建工程,本期扩建 2#主变 1 台,容量为 180 MV·A。

2. 原设计方案

本工程在可研设计阶段,设计挖填方总量为 990 m³,其中挖方量为 550 m³,填方量为 440 m³,由于该项目挖填方总量小于 1 000 m³,根据水利部下发的《水利部关于进一步深化"放管服"改革全面加强水土保持监管的意见》(办水保函〔2019〕160 号)中规定,征占地面积不足 0.5 公顷且挖填土石方总量不足 1 000 m² 的项目,不需要办理水土保持方案审批手续,所以本工程未委托有相应能力的单位编制水土保持方案报告表。

3. 存在的主要问题

(1)问题描述。

本工程在初步设计阶段,因设计改变了原有的基础形式,导致挖填方总量为 1 050 m³,根据要求挖填方总量大于 1 000 m³,该项目应该委托有相应能力的单位编制水土保持方案报告表。

(2)依据性文件要求。

根据水利部下发的《水利部关于进一步深化"放管服"改革全面加强水土保持监管的意见》(办水保函〔2019〕160 号)规定,征占地面积在 0.5 公顷以上 5 公顷以下或者挖填土石方总量在 1 000 m³ 以上 50 000 m³ 以下的项目需编制水土保持方案报告表。水土保持报告书和报告表应当在项目开工前报水行政主管部门审批,其中对水土保持方案报告表实行承诺制管理。征占地面积不足0.5公顷且挖填土石方总量不足1 000 m²的项目,不再办理水土保持方案审批手续,生产建设单位和个人依法做好水土流失防治工作。

(3)隐患及后果。

根据《生产建设项目水土保持方案管理办法》第二章第九条规定,生产建设单位应当在生产建设项目开工建设前完成水土保持方案编报并取得审批手续,生产建设单位未编制水土保持方案或者水土保持方案未经审批的,生产建设项目不得开工建设。

4. 解决方案及预防措施

(1)解决方案。

本工程变电站挖填方总量为1 050 m³,满足挖填土石方总量在1 000 m³以上50 000 m³以下条件。根据相关政策规定,应委托具备相应技术条件的机构编制水土保持方案报告表。

(2)预防措施。

需要编制水土保持方案报告的工程项目应在规划可研阶段进行启动。建议在工程规划可研阶段主动联系当地水行政主管部门,并按照国家有关法律法规要求启动水土保持方案编制工作。

4.2.2 杆塔基础水土保持措施不满足要求

1. 工程概况

某220 kV输变电工程,线路采用单回路自立式铁塔架设,铁塔选用《国网基建部关于发布输变电工程通用设计通用设备应用目录(2022年版)的通知》文件中的220-ED21D子模块铁塔。

2. 原设计方案

本工程发现部分塔位位于山地丘陵区,在初步设计阶段并未考虑水土保持措施,未设置护坡和截水沟来防止水土流失。

3. 存在的主要问题

(1)问题描述。

在山区、丘陵等地形输电线路中,应特别重视护坡、截水沟、弃土处理等设计,这些措施均是保证线路塔基安全稳定运行的必要内容,应结合地形情况针对性采用。

(2)依据性文件要求。

根据《国家电网公司十八项电网重大反事故措施》第6.1.1.4条规定,对于易发生水土流失、山洪冲刷等地段的杆塔,应采取加固基础、修筑挡土墙、截排水沟、改造上下边坡等措施,必要时改迁路径。

(3)隐患及后果

当塔位距陡峭边坡较近时,施工扰动易导致边坡失稳,在雨水作用下,容易发生山崩、滑坡和泥石流等灾害,造成水土流失,因此需要做好边坡防护措施。

4. 解决方案及预防措施

(1)解决方案。

本工程应在塔基处设计截水沟,运用运行期坡面来水进行拦截。

(2)预防措施。

选择塔位时,设计人员应到达关键点塔位现场,充分了解塔位地形情况,应结合现场地形地势设置有效的拦水措施,防止雨水冲刷造成水土流失。设计应高度重视水土保持方案对线路安全运行的重要性。

4.2.3 工程建设中黑土地表土未进行剥离

1. 工程概况

某 220 kV 变电站 2 号主变扩建工程,本期需扩建围墙,围墙外为黑土地。

2. 原设计方案

在变电站基础施工过程中,未对施工区的黑土地表土进行剥离,未制定表土剥离方案。

3. 存在的主要问题

(1)问题描述。

本工程变电站扩建区为黑土地,在变电站基础施工过程中,应当对施工区的黑土地表土进行剥离,并制定表土剥离方案。

(2)依据性文件要求。

根据《中华人民共和国黑土地保护法》第二十一条规定,建设项目占用黑土地的,应当按照规定的标准对耕作层的土壤进行剥离。剥离的黑土应当就近用于新开垦耕地和劣质耕地改良、被污染耕地的治理、高标准农田建设、土地复垦等。建设项目主体应当制定剥离黑土的再利用方案,报自然资源主管部门备案。具体办法由四省区人民政府分别制定。

根据《黑龙江省黑土地保护利用条例》第四十五条规定,建设项目占用黑土地的,应当按照规定的标准对耕作层的土壤进行剥离。剥离的黑土应当就近用于新开垦耕地和低质耕地改良、被污染耕地的治理、高标准农田建设、土地复垦等。建设项目主体应当制定剥离黑土的再利用方案,报自然资源主管部门备案。

(3)隐患及后果。

建设项目占用黑土地未对耕作层的土壤实施剥离的,由县级以上地方人民政府自然资源主管部门处每平方米一百元以上二百元以下罚款;未按照规定的标准对耕作层的土壤实施剥离的,处每平方米五十元以上一百元以下罚款。

4. 解决方案及预防措施

(1)解决方案。

工程施工前应将扩建区永久占地表土进行剥离,表土集中堆放于变电站扩建区内布设的临时堆土场中,根据表土剥离方案对表土进行利用。表土剥离(生土、熟土分开堆存)示意图如图4.2所示。

图4.2 表土剥离(生土、熟土分开堆存)示意图

(2)预防措施。

土方开挖前对表层熟土进行剥离,生土、熟土分开堆放,并进行铺垫、拦挡、苫盖等临时防护措施。

4.2.4 变电站站外排水不满足水土保持要求

1. 工程概况

某220 kV变电站新建工程,站址东侧150 m有一自然冲沟可供站外排水。

2. 原设计方案

原变电站站外排水采用直接经围墙外防洪沟排至站外的方式。

3. 存在的主要问题

(1)问题描述。

变电站排水管主要起到收集并排出厂区内雨水的作用。一般情况下,站外排水均通过暗管、涵洞或沟渠接到站外自然水系或市政雨水系统内,这种排水方式通常不会造成水土流失。

(2)依据性文件要求。

根据《生产建设项目水土保持技术标准》(GB 50433—2018)第4.6.8条规定,截排水措施布设应符合下列规定:对工程建设破坏原地表水系和改变汇流方式的区域,应布设截水沟、排洪沟、排水沟、边沟、排水管及下游的顺接措施,将工程区域和周边的地表径流安全排至下游自然沟道区域。

(3)隐患及后果

该站站外排水首先排至防洪沟,防洪沟并未与自然冲沟相连,站区雨水将通过防洪沟直接排至站外场地,长年累月地冲刷排水出口处地面,极易带来水土流失问题。

4. 解决方案及预防措施

(1)解决方案。

针对该工程,建议在站区排水排洪沟与自然冲沟间增加排水沟至自然冲沟,在排水沟末端增加汇流池。在工程设计中,应充分重视排水对当地水土保持的影响。设计人员应严格按照环境水土保持报告和相关规程规范要求,合理优化设计方案,尤其是在水土保持敏感地区,避免出现直接排水至自然地貌而影响水土保持的情况。

(2)预防措施。

对工程建设破坏原地表水系和改变汇流方式的区域,应布设排洪沟。

4.2.5 初步设计评审阶段未按要求提供水土保持方案报告

1. 工程概况

某110 kV变电站2号主变扩建工程,前期已建1台主变,本期扩建1台主变压器。

2. 原设计方案

本工程初步设计评审阶段未完成水土保持方案报告编制工作。

3. 存在的主要问题

(1)问题描述。

本工程挖填方总量为2 400 m^3,其中挖方量为1 300 m^3,填方量为1 100 m^3,由于该项目挖填方总量大于1 000 m^3,根据水利部下发的《水利部关于进一步深化"放管服"改革全面加强水土保持监管的意见》(办水保函〔2019〕160号)规定,征占地面积在0.5公顷以上5公顷以下或者挖填土石方总量在1 000 m³以上50 000 m³以下的项目需编制水土保持方案报告表。本工程在初步设计评审阶段未完成水土保持方案报告表编制工作,不得组织开展工程初步设计评审工作。

(2)依据性文件要求。

根据《国家电网有限公司关于进一步加强输变电工程依法建设的通知》(国家电网基建〔2018〕746号)规定,工程初步设计"七不审"原则包括未取得经审查的环评报告或水保报告要件不得组织开展工程初步设计评审工作。

(3)隐患及后果。

电力工程在建设和运营过程中,可能会产生大量废水废渣,如果未经妥善处理和处置,就会对周围的水环境造成污染,并且在建设过程中需要大面积的土地开挖和平整,这可能导致土壤的紊乱和破坏,进而引发土壤侵蚀,所以需要在初步设计文件中采取控制水土流失、保护环境等措施设施。

4. 解决方案及预防措施

(1)解决方案。

本工程变电站挖填方总量为2 400 m³,满足挖填土石方总量在1 000 m³以上50 000 m³以下条件,应在工程初步设计评审前完成水土保持方案报告表的编制工作。

(2)预防措施。

需要编制水土保持方案报告的工程应该按照国家有关法律法规要求启动水土保持方案编制工作,工程初步设计评审阶段前应该取得经审查的水保报告要件。